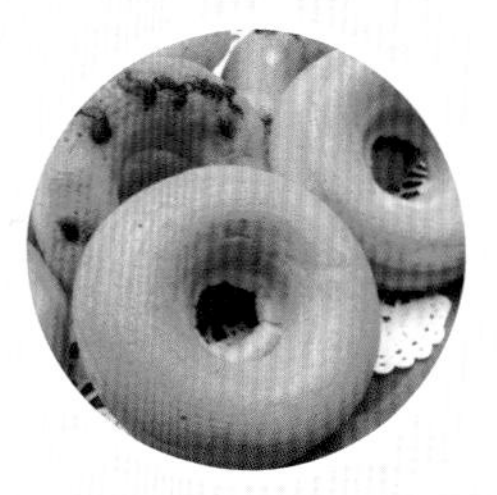

結合中醫與自然醫學的

寶寶營養副食品

寶寶最愛的125道食譜

一生需要的第一本食譜

踏入醫學領域近三十年來，陪著家人尋訪名醫，成了醫學生、臨床研究、檢驗師、醫師、實習醫師的老師，為了醫治孩子、病患，再一次次地研習開會，找出更有效合理的治療方法。

從中醫、西醫到自然醫學；由癌症臨終照護，實驗診斷到家庭醫學。學習研究的重心，慢慢的從人生末端往初始移動，益發體會「預防」的重要。曾有位老師自豪病理研究的重要，自詡為醫師中的老師（Doctor of doctors），但「不知死（病），焉得生？」，然後他又自我調侃：「只是知道的時候都太晚了……」

現代醫學大多著眼在被動的守勢，有了問題，再找治療；甚或先假設問題，提早干預，謂之預防。常常被忽略的是，人類經過千百萬年的演化，在現今環境下，早已充滿生存優勢。雖然我跨領域的醫學學習，以實證研究，運用手上較多的臨床法寶或資源，時常在某些生理機轉被解開時，仍有敝帚自珍的感覺，大自然巧妙的安排，讓我們更該謙卑！

因此，當羅比媽向我提出撰寫這本書的構想時，我馬上應允，並與她討論內容方向，以期作品能讓讀者更容易理解上手。羅比媽是一位熱心的實踐家，我經常與家人一起跟著做出有趣美味又營養豐富的料理。如能將她的巧思與手藝，配合最新的醫學理解，不僅是新手父母的最佳育兒寶典，也是爸爸媽媽們為家中新成員輕鬆調配美味、健康、好料理的得力助手。

近年來兒童過敏相關問題（如異位性皮膚炎、腸燥症、氣喘、免疫力差、各種發炎症狀，乃至於部分過動、自閉症等等）急遽增加，臨床上的治療方法卻進步緩慢，造成許多的困擾及提升社會成本。而這其中，有許多是與食物過敏或敏感相關的，錯誤的食物攝取導致消化不良、發炎，進而腸漏、系統性的發炎正是主因，所以正確的離乳飲食才是最有效的預防之道。

回到這段時期的生理發展。新生兒離開胎盤後首度接觸外界的各種微生物，營養的取得從臍帶血（透過胎盤從母親的血液交換）變成靠自己的腸道黏膜吸收，免疫力由母親抗體的協防，部分共生微生物的容忍、協防或是對抗，消化液（各種消化酵素、胃液、膽汁等）的成熟與調節等，都有極大的變化。

消化黏膜從原本的扁平逐漸發展出隱窩與絨毛，表面積快速增加，組成的細胞種類與分工也日趨繁複，表面的黏液漸多，涵養的共生微生物也更複雜演變成互利、競爭與抑制關係的平衡。近年來的研究除了證明這些人類的共生夥伴，承載著遠多於人本身的基因數量，讓我們得以生存，甚至利用其製造的傳導物質，透過迷走神經，快速的向大腦下達指令。

然而我們的免疫系統當然也沒閒著，早期由黏膜上皮分泌抗菌肽，與母乳中的抗體擔任守備員，逐漸演進成特化的免疫組織綿密的抵擋入侵者。這時，如果出現消化不全的較大分子蛋白質或醣蛋白，發炎反應及敏感化的過程就此展開。

要如何避免食物過敏或敏感，並保留足夠的免疫功能抵抗真正的感染呢？營養學界目前仍爭議不休，莫衷一是。有時建議及早給予成年人的食物，在免疫系統青黃不接時，讓嬰兒習慣該食物（近年美國兒科醫學會就建議給六個月大的嬰兒吃花生醬），有些專家又覺得越晚越好，消化系統成熟後較能有效分解，且黏膜變得比較厚，未完整消化的破片不容易穿透。

我覺得正解應是：因人而異，每孩子的遺傳不同，出生後接觸到的微生物種類、數量、順序也不同，加上作息的差異，根本不可能有完整複製成功經驗的機會（指憑週數，機械化的引進離乳食）。因此，不論專家怎麼說，其他人的育兒經驗有多好，甚至自己養大的哥哥姊姊如何，面對身體快速變化，正開始攝取副食品的孩子，都要小心謹慎，注意任何異常的反應，並紀錄變化，如幾天後仍未好轉或變壞，就要懷疑可能已引發過敏。

一般來說，離乳食物的引進，可由幼兒的表現為依據。以新生兒來說，牛乳製成的配方奶粉所引發的敏感機會當然高於母乳，如果嬰兒在進食時異常抗拒、脹氣、常吐奶又餵不飽、口鼻分泌物太多、皮膚紅腫、生長遲緩等，都有可能是敏感的症狀，應考慮更改配方（換成豆奶配方或水解蛋白），甚至提供母乳的媽媽都必須限制某些飲食；臨床上就有不少腸漏的母親把乳製品（酪蛋白）、麵粉製品（麩質）或其誘發的發炎信息物質，通過母乳造成孩子的過敏反應。

到了離乳期，孩子的食量大增，並表現出對其他食物嘗試有興趣時，就是引進食物的最佳時機。原則上，以容易消化、不常造成過敏的食物（如澱粉類），先由少量開始，逐步誘導其身體製造更多酵素，幾天後，再慢慢增量，並營造一個快樂用餐的環境，多鼓勵不強迫，如果小孩一直排斥，除了本身的好惡，通常就是太早引進。總之，由單一食物開始，幾天後若進食的狀況不錯，再試下一種。

任何時候，只要小孩出現不良反應，就應該暫停最新引進的食物，休息幾天後再試，如果仍有不適，就把該項食物排除，先試別的，未來有機會再試。另外，在孩子免疫系統忙碌時，如感冒、周遭的人生病、施打疫苗前後等都不適合引進新食物。腸胃道不舒服時，當然也不要。

如果能掌握這些要領，就能簡單地在離乳期避免誘發食物過敏，其餘有關養成喝水習慣、維護口腔衛生、食材選擇、營養搭配、準備食物的祕訣等，作者都認真且不吝地在書中與大家分享，加上美觀易讀的編排，成就出不僅是一生中第一本受用的食譜，也將是奠定一輩子健康基礎的食物指南。

我們說「病從口入」，西方人說「You are what you eat」，再再顯示出吃對食物與在對的時機吃，都與健康息息相關。

再次感謝羅比媽讓我有榮幸為她作序，使現有的醫學知識，有機會化被動為主動，透過閱讀、使用本書，輕鬆愉快地為孩子的健康奠基。

美國健庭診所自然醫學醫師 黃文昇

一本該放在家中最醒目位置的育兒書

羅比媽，曾是我現職知名外商廣告公司的業務執行，俗稱 AE (Account Executive)。我們曾經同甘共苦，服務業界最惡名昭彰的客戶，那是一段大家至今時仍津津樂道的時光，24 小時的工作待命，喜怒無常的客戶心情，照三餐般的危機處理，卻也鍛鍊出組員們面對問題的解決能力，而羅比媽當年正是我那群超級 AE 中最優秀的之一，羅比媽那時學到的基本功完全沒有白費，因為這種服務最難纏客戶的能力，現在已轉移到另一個更難纏的客戶——小孩們。

當 AE 除了需有解決問題的能力外，還需具備另一項特質，就是過人的學習欲望，因為傳播知識的日益複雜，客戶面對的行銷問題也更加棘手，AE 必須透過不停學習以修得更多、更新的知識技能，方能與客戶對話。我服務的廣告公司正是以魔鬼訓練著稱，緊湊逼死人的課程，加上客戶分秒的奪命連環叩，時間總是不敷使用。

而羅比媽卻在那段最忙碌的日子，提出了利用晚上時間進修碩士的狂想，當她跟我提及此事時，我心想她一定瘋了，這樣變態的工作節奏，她如何管理那壓縮過後再壓縮的碎片時間。事實證明，羅比媽做到了！她提出一份如何在兩年內完成工作要求的同時獲得學位的計畫書，她需準時下班，但她承諾晚上 10 點上完課後再回來公司加班至半夜，處理當天未完成的客戶事務，保證決不拖延。

面對這樣的學習欲望與意志，她獲得我與組員們的支持。兩年後，羅比媽果真順利獲得碩士學位，在工作與學習上獲得雙重成功，甚至她與那最難纏的客戶，成為知心的好朋友。

解決問題的能力以及如同海綿般吸收知識的學習欲望，造就了羅比媽在她育兒領域成為一位具有影響力的意見領袖，我深感驕傲但毫不意外，她本就是個出得了廳堂，進得了廚房的摩登女性，在亮麗外型下，足以靠顏值吃飯，卻自尋煩惱，在人生職場與家庭道路上，一路拼命奮力學習，做為一個成功的女人絕非偶然。

閱讀羅比媽這本書，對我這個育兒門外漢而言，本該是件艱澀難懂的差事，但我讀起來卻輕鬆自如，無論是為寶寶奠定健康的副食品知識或是分享寶寶每個階段中的營養食譜，字語間感受到她為人母的喜悅與成就，帶我一遊一個媽咪所具備非常人般的細膩思考與心路歷程。一項人們心中極艱辛的工作——搞定小孩，她做起來卻如魚得水，彷彿所有孩子們都能與她心靈相通。她最高紀錄可以一次照顧七個恐怖難纏的小魔鬼，以一打七，游刃有餘，外人覺得她很神奇，但我認為是她多年來對孩子們全心投入的硬功夫。

這是一本有關愛的書，雖然字裡行間沒有愛字，卻蘊含母親對孩子日常照顧中細膩濃密的愛，這更是一本工具書，提供了許多對媽媽們有益實用的育兒知識，都值得一再細讀。你應該將這本書放在你的客廳或餐廳最醒目並隨手可翻閱的位置，信手拈來一個育兒靈感，即刻做一頓健康餐點，它不只帶給你最實用的知識，更幫助你在育兒過程中成為一個樂在其中的媽咪！

台灣奧美傳播集團 董事總經理 呂豐餘

媽媽好，好祝福

沒得睡，當然得有福

現在是早上六點多，我因為夢到得寫這篇推薦文，卻還沒動筆，趕緊從舒服的床上爬了起來。起來後，雖然還沒清醒，手上卻不能隨便停止動作，因為等等女兒可能就會醒來，就會要我抱、要我陪她玩，我得把握這個小小的空檔時間，加快動作，把文章寫好，把該做的事做完。

這只是我突發狀況的一次，卻是每位媽媽的日常。而且我還是在弄自己的事，媽媽們抽空趁孩子睡覺弄的，還是孩子的事。

我不懂醫學，但我懂媽媽這種焦慮，或者該說，我略懂。

那你就會想，我都那麼辛苦起來睜著還沒睡醒的眼睛弄副食品了，當然也可能是深夜還沒上床打著哈欠強忍睡意弄的副食品，總該是對我孩子好、是健康的，如果這副食品還對他們會不好，那真的是氣死人，人神共憤、天地不容呀！

我聽過一個朋友說，我們擔心很多東西，不過，食物應該特別留意，因為它可是會直接進到你身體裡的，直接影響你。大人擔心三高，對食物的組成很講究，對於耐受力比我們小的孩子，當然更得留心。

不說別的啦，這個年紀的孩子，最該被在意的就是食物，因為還不會被其他同學的粗俗行為影響，也不會有太多運動傷害，更還不必擔憂他的第三外國語言學習問題，說起來，你能夠幫孩子最多的，也就是食物了，其他的暫時還幫不著。

所以，我看到每位媽媽對孩子飲食比對自己還用心百倍（說不定比起對先生更可能是千倍，好啦，先生那種生物自己會活，不用澆水，不是嗎？），媽媽費盡心思來料理，更該讓食物有跟媽媽的愛心相襯的好，這樣才對吧！

畢竟，媽媽都沒得睡了，孩子當然得有福呀！

吃食物，不是食品

羅比媽這本書，我想，就是在跟每位媽媽一樣在意的心情底下誕生的，與其自己擔心害怕，並且做白工，不如求助專業，尋求更好的知識。畢竟，我們都想要走在進步的道路上，雖然沒有要孩子長成人中之龍、人中之鳳，但至少給他們吃下肚的，不要反而讓他們過敏。

這本書除了提供專業細膩的食譜，還有許多觀念，相信也是羅比媽參考各方專業人士並在自己的教養經驗裡印證的。

像她提到：「吃真正的食物，而不是食品」，連我這不專業但對孩子專注的我都很認同的觀念，太多「人定勝天」的想像，讓我們活得越來越不像人，吃到的東西也越來越不自然，自然就會有許多過往沒有的身體困擾出現，原本自然界就有適合我們的食材，我們本來就有權利和機會可以健康平安，沒有必要冒險，何況，孩子才從我們最天然的母體環境出來，難免對人工產物的承受力較弱，更該留心。

享受用餐美好

「放下手邊事務，全心享受用餐美好時光」，也是她提出的好觀念，這點我們大人都很難做到，更別提總是看著大人來學習生活行為的孩子。我記得，當初房子要裝潢時，就有長輩提醒我們，要好好規劃餐桌的位置和大小，一定要有足夠的空間，讓全家人能夠舒服並沒有壓力地待著。長輩說，以後你會發現，這個地方會是你們全家待最長時間的地方，很多故事會在這裡被創造，很多記憶會在這裡被放入腦海裡。

果然，我們幾乎都會在餐桌上吃飯、聊天、討論今天有趣的事，許多旅行計劃也是在這餐桌上邊吃邊被規畫出來，回頭看女兒這三年來的照片，更是有很多是在餐桌旁拍攝，因為聚在一起吃東西，大概是人類最原始最純粹的幸福吧！

最重要的是，也可以好好謝謝媽媽，為了餵養我們付出的心力，要是媽媽常常忙了老半天，可是要是大家只是毫無品嚐，只是把食物塞入嘴裡，那不是很可惜嗎？

總要讓媽媽看到我們的臉吧！因為我們滿足的笑容，就是最好的謝謝。

我想，孩子以後也會記得這些畫面，早在他還不會開口說話，就開始寫入他這本空白的書，而那在未來可以帶給他安全感，讓他知道有人愛他，他會被滿足。

媽媽好，孩子就好

記得聽過一位醫生說，雖然媽媽常會覺得焦慮，擔心自己做得不夠多，做得不夠好，但其實，多數時候都是媽媽覺得好就好了，因為媽媽快樂，孩子就會開心，媽媽覺得自己是好媽媽，很自然的孩子就會是好孩子。至少，當一位媽媽會去思考讓孩子更好，就很好了，不至於多壞。

我常覺得，媽媽是孩子一輩子最好的祝福，而這書是一位好媽媽努力帶給別人的祝福。

祝福每位媽媽都好好的，每位孩子都好好的。

孩子好，世界就好起來了。

鬼才導演 盧建彰

一起用自然醫學和中醫養出頭好壯壯的寶貝

我是位住在美國的臺灣媽媽。

由我來介紹博大精深的中醫與自然醫學，聽起來充滿衝突與趣味！

我是位從小有著根深蒂固「生病就要看醫生」觀念的母親。

來到美國後，受到的第一個衝擊是「醫藥費太昂貴了！」所以當孩子不論是發燒、感冒、諾羅病毒還是玫瑰疹，標準動作並不是直接把孩子帶去醫院，而是先觀察孩子的症狀，再致電醫院的「護士熱線服務」，回報我們所記錄的症狀，由護士判斷「需不需要送醫」。而當一踏進醫院的那刻起便開始「跳錶計費」，隨即帳單就來報到了。

臺灣的親朋好友們享受著幸福便利的全民健保，大病小痛隨時都能就醫求診。反觀在美國的我們，必須自立自強與處變不驚，大部分不需要送醫的症狀，除了靠自己恢復健康外，就是到藥房購買「成藥」。

生病能夠立刻接受醫生診治，是幸福的！但從因果關係來看，當母親的我更積極希望「就算生了病也能秒復原」，甚至是「盡量不要生病」，所以「不用看醫生」。這才是真正強健的免疫系統！

很幸運的是，我的孩子沒有過敏體質，但看著身邊朋友的孩子從小就在異位性皮膚炎、各種食物過敏中辛苦奮戰，同樣身為母親的我一樣心生不捨。也因為一路陪著朋友做功課，讓我得以在西醫之外認識另一種醫學領域，並且結識黃文昇這位良醫，黃醫師帶領我進入自然醫學的養生領域，傳授如何讓寶寶從小吃出健康體質，進而達到預防疾病的積極效果。

雖然這是一本寶寶副食品的食譜書，但卻沒有名貴、繁複、稀有的中藥材入菜，由專業自然醫師指導，搭配節氣、發揮食物自然療效，專為寶寶設計的頭好壯壯、不易生病感冒、不易過敏的健康食譜書！

Robbie Mama 涂蝶

CONTENTS

PART7 ｜第四階段（10 ～ 12 個月）躍上餐桌吃軟飯、軟麵

PART8 ｜第五階段（1 歲以上）小小美食家

CONTENTS

本書食譜說明

★ 1 杯指的是量米杯的份量。
★ 1 大匙為 15ml，1 小匙為 5ml。

Part 1

準備副食品前，爸媽一定要知道的觀念！

寶寶要開始吃副食品了！0～6 個月寶寶的最佳營養來源是母乳，滿 6 個月後就可以開始嘗試副食品！
很多新手爸媽初次面對副食品課題總是戰戰兢兢，既擔心寶寶挑食、吃太少，又擔心一不小心引發煩人的過敏問題，其實只要掌握大原則就不容易出錯，爸媽們別過度憂慮哦！

副食品的目的是「接軌正餐」

副食品之所以稱作是「副」，代表這段期間（1歲以前）「奶」還是主食。製作副食品其實不需要買太多保存盒或工具，真的夠用就好。

「讓孩子滿1歲後可以和大人同步用餐」是副食品的階段性目的，而何時該慢慢減少餵奶的餐數並沒有一定的規範。臺灣小兒科醫師通常建議8個月斷一餐奶，10個月再斷一餐奶，滿1歲就可以將奶改成早晚的飲品而非正餐。

一般正常狀況下，都是先餵母奶才餵副食品，準備斷奶時就將該餐改為先餵副食品再喝奶，隨著寶寶開始嘗試副食品，對於奶的需求就會逐漸減少，這是正常的現象。

自然醫學偏向鼓勵媽媽依照孩子的需求逐步調整，沒有一定的斷奶時間，而是循著自然的步調，在1歲之前慢慢的停止餵配方奶，而餵母奶的媽媽則可以採用自然離乳的方式，沒有一定停止的時間。

「Never Too Late」，重點是寶寶的身心準備好了沒？

到底該在何時開始餵食副食品，醫學界眾說紛紜。而自然醫學主張全人醫學觀念，應以寶寶自身消化系統的發育成熟度，來判斷是否開始嘗試副食品，一般多是建議免疫系統比較成熟的6個月，這個月齡的寶寶對於過敏的耐受性較佳。現在的孩子們多半只有營養過剩的問題，不必太擔心營養不良。關於餵食副食品，絕對「Never Too Late」！

觀察排便和食慾狀態

6 個月大的寶寶唾液及消化液中已有足夠的澱粉酶可以分解澱粉，爸媽不妨可以從白米或根莖類的食材開始（不過像糯米或是勾芡類不易消化的食物，建議延後食用）。

消化系統是否 ready，從「排便」和「食慾」來觀察最簡單，若排便正常沒有腹瀉（喝母奶排軟便是正常的）或嘔吐，也沒有老是出現未消化完整的食物殘渣，就代表消化系統可以正常消化該種食材。

滿足 0 ～ 6 個月寶寶的心理需求

在兒童心理學發展上也印證這樣的想法，6 個月前的嬰兒非常需要安全感和長時間的肢體接觸，滿足安全感，建立足夠的自信心，到了 6 個月後寶寶會主動對大人的食物產生好奇心，想要模仿大人的行為，此時是介紹副食品給寶寶的極佳機會。

如果在 6 個月以前都尚未完全滿足寶寶在心理上所需要的安全感，卻一直被要求坐著接受大人餵食，也容易讓寶寶因為不安全感的心理而影響生理，增加過敏的機會。

Point!

★寶寶接受副食品的最佳時機

4 ～ 6 個月間的寶寶若出現想嘗試大人食物的慾望、脖子也稍具力量可以半躺臥、也不抗拒坐餐椅被餵食，都是開始副食品的重要表徵之一。

但有的寶寶一坐上餐椅就哭鬧不休，此時建議延後餵食的時機，當寶寶還沒準備好就不用太勉強。每個寶寶成熟速度不同，不應以月齡作為嘗試副食品時機的唯一指標。

食材添加循序漸進，降低過敏風險

西醫、自然醫學觀念大不同，少量多元 VS. 少量單一

近年來，西醫認為只要是天然的食材，都應該少量且多樣化的添加在寶寶的副食品中，畢竟「早給晚給都會過敏」，越早接觸反而越能降低未來過敏的機率，最常見的例子就是美國小孩對花生過敏的狀況，現今部分小兒科醫生仍鼓勵家長不要害怕讓孩子嘗試花生醬。

而自然醫學主張比較保守的添加方式，一次只嘗試單一食材，初次先吃一小口。看單一食材是否會造成過敏，約需要 3 天的評估期，所以初次餵食應以單一食材、一小口的方式進行，確定初次嘗試的食材沒有過敏跡象，才能進一步大膽地多量餵食。

若是一次混合 2 ～ 3 種不同食材，一旦出現過敏現象，反而無法判斷是何種食物引發過敏，需等恢復後再重新測試確認「罪魁禍首」，因此寧可一次一種慢慢測試，也無須操之過急。

給予過敏食材有對策

再次重複強調「Never Too Late」的觀念：自然醫學趨向保守的原因其實很簡單，雖說食材添加應該多元，但仍應該進一步思考某些容易過敏的食材，營養成分是不是幼小的寶寶在此時就必須攝取的？

例如海鮮是優質的蛋白質來源，但其實乳製品、肉製品也能提供很好的蛋白質，若偏執攝取海鮮，可能反而因幼兒的消化道較短、腸道粘膜很薄，在酵素分泌尚不完整時，無法將海鮮消化分解完整。3 ～ 5 小時就會快速在腸道裡腐壞，開始釋放組織胺，而增加過敏的機會。花生醬也是其中一例，更何況堅果種類如此多，並不是非需要花生不可呀！

如果家人沒有任何過敏病史，家長想遵照現今西醫營養學、小兒科醫師的建議，採用比較大膽的作法來餵食寶寶副食品，要同時多樣化進行或提早

嘗試各種食材都未嘗不可。但如果家人已有過敏體質，還是建議在食材選擇上謹慎保守些，延後且少量地慢慢嘗試比較妥當。

巧用食材氣味，養出不挑食寶寶

寶寶的味蕾雖不如大人敏感，但食物美味是否，即使幼齡的他們也一定吃得出來。當副食品完成時，大人務必先試嚐，請以自己也覺得好吃為前題，才能引誘寶寶賞臉品嘗。

運用香料，誘發寶寶的好食慾

為了讓孩子不挑食，除了食材準備多樣化外，也盡量讓他們多元嘗試不同的風味。1 歲前的寶寶在料理上不必添加調味料與味精，反而可適時使用蔥、薑、蒜或洋蔥來去腥或添香增甜，或是以橄欖油、麻油或椰子油來提味，讓他們品嚐食物原始的鮮甜。若是為了配合家中大人的飲食習慣來準備寶寶餐，適量添加一點鹽來調味也未嘗不可！

很多網路謠傳鹽分會造成寶寶腎臟的負擔，事實上 4 個月寶寶的腎功能大概已臻成人功能的 70%，滿 1 歲後腎功能大約與成人相當，其實沒有我們想像中的脆弱，除此之外，流汗、流淚都是鹽分的代謝功能之一，若偶爾不小心吃到太鹹的食物，也不需要太擔憂。

另外我也會適時添加乾燥香料，如羅勒、月桂葉、肉桂、巴西里、義式綜合香料、黑胡椒、咖哩粉等等，來增添多元風味，讓每一次用餐都充滿驚喜，這也可幫助寶寶在未來更願意嘗試不同味道的料理。

Point!

海鹽、岩鹽和精鹽是市面上較常見的食鹽。天然的海鹽或岩鹽富含是人體所需的礦物質，可以適量添加在副食品中；而精鹽在製作過程中已去除這些礦物質，沒有什麼營養價值，不如不加！

寶寶第一口副食品，從米湯開始

對自然醫學而言，米是一種很溫和、比較沒有「風險」的食物，很適合作為寶寶的第一口副食品。

米湯其實就是煮完粥、米飯沉澱後浮在表面的湯，第一步就是練習用湯匙將米湯餵進寶寶嘴裡，隨著寶寶吞嚥與咀嚼能力的進步，就可以將粥打成米糊餵食。

大部分的媽媽會準備「倍粥」，所謂的倍粥，就是水和米的比例（我喜歡用高湯取代水）。舉例來說 7 倍粥是水：米＝ 7：1，以電鍋炊熟，依此類推，水越多則粥越稀，水越少則越濃稠。我通常不會算得這麼仔細，一開始水不要加太多，隨著白米慢慢煮熟後，視濃度慢慢加水稀釋成適宜的濃度。

沒有人能確切告訴你幾個月要吃幾倍濃度的粥，有些孩子比較願意積極嘗試副食品，也有的孩子就是特別依戀奶瓶、對副食品接受狀況不佳。與其按照教科書來製作粥的濃度，遠遠不如媽媽天天相處、觀察自己寶貝的意願與能力來得實際。

視牙齒數及咀嚼能力，調整顆粒大小和濃稠度

當寶寶經過足夠的練習，可以順利吞嚥媽媽餵食的粥或糊之後，可以添加食材製作食物泥、寶寶粥，最後慢慢進階到水量更少的燉飯、炊飯等。

我很喜歡以骨頭湯作為製作食物泥或寶寶粥時的水分來源，因為骨頭湯中含有蛋白質、礦物質、磷酸鈣、骨膠原與寶寶所需的脂肪，不僅好吸收，也對寶寶的骨骼成長很有助益。

在顆粒粗細的準備上，毋須過度緊張，因為 1 歲以前仍是以「奶」為主，副食品只是「嘗試」與「練習」。開始能夠吃一、兩口就應該給自己和寶寶拍拍手鼓鼓掌，切勿心急、強迫而影響用餐氣氛。

本書針對各種食材的料理，都有適合食用的月齡標示，但因每個孩子的咀嚼能力和牙齒生長速度不同，大家可以依孩子的狀態予以調整顆粒大小、粗細或濃稠度來符合寶寶的需求。

而食材攝取順序，根據營養成分的必要性與身體吸收狀況，建議依照澱粉→蔬菜→水果→肉類→海鮮的順序來給予進行。海鮮通常會建議延後一些再給孩子嘗試，雖然海鮮含有易分解、好吸收的蛋白質，但細菌也很容易分解它，所以海鮮腐壞的速度比肉類快很多，在孩子很薄的腸胃道粘膜環境中，容易因為海鮮發酵的組織胺產物造成敏感，小小的發炎也有可能釀成重大災情！

Point!

★溫和低敏、營養高的食材

除了白米粥之外，小米、糙米、燕麥、藜麥、紅米等也都是很好的澱粉替代品。另外，像根莖類蔬菜（馬鈴薯和蘿蔔）等天然澱粉食物，或富含卵磷脂與蛋白質的蛋黃，也都是很適合剛接觸副食品的寶寶哦！

打好健康基底，營養均衡是關鍵

對我來說，天然食材是最棒的，添加什麼都沒關係，營養均衡才是重點！製作副食品時，首先必須要充分攝取蛋白質和脂肪，再搭配碳水化合物，這才是均衡的一餐，而蔬菜又以當季的新鮮好吃，價格也最實惠。

當寶寶已經成功進階適應湯匙餵食的第一階段後，接下來的每一餐應該都要以帶點油脂的肉類或蛋白質、當季蔬菜、澱粉進行調配，才能夠滿足寶寶一日營養所需。

彈性運用，做個快樂媽媽

但必須提醒的是，這些都是大原則、大方向，只要養成這樣的飲食習慣，偶爾因為外出、旅遊、時間不足、食材不易取得等諸多因素，導致無法烹調營養完整的一餐，或是想用一顆酪梨、一根香蕉、一顆馬鈴薯，甚至是市售的嬰兒罐頭來取代幾餐也並非不可。

副食品是媽媽給孩子的心意與愛，千萬別因準備、製作副食品而帶給自己太大的壓力，彈性運用、輕鬆製作才能成為快樂的媽媽，因為無論是愉快或壓力的情緒都會同時感染給孩子。

吃真正的食物，而不是食品

很多家長喜歡給孩子嘗試米精或麥精，甚至是滴雞精，業者在包裝上訴求富含營養價值，但這些對孩子來說都是食品。自然醫學的領域就是追求自然，想想數千年前老祖宗們如何養出健康的下一代，我們就應該跟著這麼吃。與其吃米精，不如吃五穀雜糧；喝雞精不如喝雞湯；喝蔬果汁不如吃新鮮有機的蔬菜水果；喝豆漿不如直接吃豆類，就是這麼簡單！

選好油、吃好油

「油脂」是寶寶成長的必需品，不僅可以保護皮膚與內臟，也有助於穩定神經系統、排便順暢，甚至許多維生素都必須靠油脂溶出才能被人體吸收。但很多媽媽堅持副食品應要「少鹽少油」，從自然醫學的角度來看，只要是天然的食材就無須擔心，與其堅持少鹽少油，不如重視選擇「好鹽好油」。

很多媽媽反映寶寶開始吃副食品後有便祕的情形，臨床上探究其原因，多半來自於油脂攝取不足，只要在副食品中添加適量的油脂，就能輕鬆解決便祕的問題。其實母奶中也含有脂肪油脂，所以媽媽們不必談油色變！

不同脂肪酸比一比

	飽和脂肪酸	單元不飽和脂防酸	多元不飽和脂肪酸
製程	從動物中提煉出的油脂。	冷壓萃取，含有較多營養價值。	保存不易，需經過化學精煉。
穩定性	高	中	低
冒煙點	高	中 ＊僅苦茶油耐高溫	低
油品種類	牛油、奶油、豬油、雞油、鴨油、椰子油。	橄欖油、麻油、酪梨油、菜籽油、花生油與苦茶油。	葵花籽油、玉米油、葡萄籽油、大豆油。
烹調方式	高溫煎、炒、炸。	除了苦茶油之外，其他油品適合低溫拌炒、涼拌、蒸煮。	低溫拌炒，但不如直接吃葵花籽、葡萄籽、大豆或魚蝦來補充 Omega-3 與 Omega-6。

Tips：
單元不飽和脂肪酸的油品容易因光與熱變質，盡量挑選暗色玻璃瓶裝的產品，開封後存放陰涼處，儘早使用完畢。

這些油脂都是維繫人體生長和運作的必需品，對正在發育的孩子來說，更要均衡攝取，千萬不要有「一瓶萬用打天下」的情結，應該依照料理方式，選擇正確萃取方式的好油來料理食用才是王道！

羅比媽小叮嚀

冒煙點越高≠越好

冒煙點顧名思義，就是油加熱到產生油煙的溫度。選購油品時，千萬別被「冒煙點」所誤導，以為冒煙點越高越好。

多元不飽和脂肪酸的油品開封之後，暴露到氧氣、熱與光線後會急速氧化，或是烹調過程中油溫過高，都會讓油變質而產生對身體有害與致癌風險的「自由基」。

正確的烹調方式應該是依照油脂的特性，在料理時溫度控制在低於冒煙點之下，保障我們的健康。

許多市售的葵花油、大豆油、玉米油、花生油、葡萄籽油等植物油，不僅經過化學精煉、漂白、去味等程序，且營養價值很低，即便可以耐高溫卻對身體百害無益。

禁用氫化油

氫化油含有大量的反式脂肪，這種不健康的物質會存在人體內長長久久，無法代謝。氫化油經常出現在：酥餅酥皮類中的白油或酥油、蛋糕裡的植物性鮮奶油、市售包裝零食中所使用的氫化棕櫚油，甚至許多天然植物油為了提高穩定性、耐高溫、耐保存，也會透過氫化程序達到此目的。臺灣於 2018 年 7 月開始，全面禁用氫化油，降低對身體的危害。

Part 2

食材這樣挑洗、工具這樣用，寶寶每口都安心健康！

想要為小寶貝健康加分，食材是第一道守門員，從食材挑選、如何料理到保存方式，全面守護健康。
隨著科技進步，各式各樣的商品琳瑯滿目，讓人看得眼花撩亂，本單元將介紹一些好用的副食品工具，依照經濟能力與生活習慣選購，不僅準備副食品更輕鬆外，對日後烹調家人的飲食也都更加得心應手！

食材挑選、處理及保存建議

五穀雜糧類

亞洲人一般以米或麵為主食，我們經常吃的白米、小麥、糙米、小米、燕麥之外，玉米、黃豆、紅豆、綠豆、薏仁等也是五穀雜糧，更要注意選購、清洗與保存方式。

選購

- ✔新鮮為首要原則，最好一次不要買太多、檢視生產日期，盡量以真空包裝。
- ✔產地直銷、有機栽培或是有 CAS 標章、農委會推薦、生產履歷標示的產品為佳。
- ✔黃豆與黃豆製品以「有機」、「非基改」為主。市面上 97% 的進口黃豆都是基因改造的，連帶影響的還包含豆漿、豆腐等豆製品。經基因改造的黃豆已被證實有增加不孕症、罹癌、器官病變、性早熟的問題。
- ✔玉米挑選時，除了外衣要鮮綠之外，飽滿的顆粒、褐色的玉米鬚，也是熟成的指標。別忘了拿起來聞聞有無臭酸，以免買到已腐壞的。

處理

五穀雜糧的栽種過程仍以噴灑水溶性農藥來防止蟲害，幸好上架販售前有經過烘乾、脫殼等步驟，去除大部分的農藥殘留。經過正確的清洗方式，即可安心食用。

①米：以大量清水快速淘洗 2 ～ 3 次，每次掏洗後倒出濁濁的水，再加清水續洗。有時我會輔以專用洗米瀝籃，利用細孔濾網設計，輕鬆排出汙水。確定汙水全數排出後，加入清水浸泡至少 30 分鐘才開始炊煮。

②玉米：撥除外葉，使用軟刷將玉米縫隙沖洗刷乾淨，最好先經過一次滾水汆燙的步驟分解農藥，取出瀝乾。

保存

- 五穀雜糧開封後請放置室內乾燥陰涼處密封保存，並儘快食用完畢。其中，米類密封後可放在冰箱冷藏，延長保鮮。
- 帶葉玉米可保留外葉完整、乾燥，放置室溫通風處保存 2 天。欲冷藏保存則以紙袋或報紙包覆，避免接觸冰箱濕氣。

蔬菜水果類

農民種植蔬菜的過程，大都會噴灑水溶性的農藥來避免蟲害，而油溶性的農藥也常使用在水果上。通常透過清洗、汆燙，或置放在空氣中揮發、削皮、剝皮等方式，都能有效去除殘留的農藥。

選購

- 當季盛產、產地直銷、有機栽培認證或具有吉園圃安全蔬果標章、生產履歷的蔬果為佳。
- 外觀不必完美無瑕，但要注意切口處不要泛黑、泛黃等不新鮮的表徵。
- 颱風前不要瘋狂搶購蔬果，農民可能因趕搶收而顧不得安全採收期。

  ▶Tips：此時可以考慮購買颱風相對影響較小根莖類蔬果、有機蔬果（由於在溫室栽培，颱風期間菜價其實浮動變化不大）。
- 不考慮買「進口」的蔬果，其可能為了長期貯存而添加藥劑防腐。
- 新鮮吃最好，切勿一次購買過量，買回來後儘早食用完畢。
- 有些蔬菜氣味濃郁，具有很好的驅蟲作用，因此不太需噴灑農藥，如洋蔥、九層塔、大蒜、青蔥、韭菜等都是比較安全的選擇。
- 對病蟲害抵禦能力較強的蔬菜，如龍鬚菜、紅鳳菜、莧菜等也都適合食用。
- 皮薄的蔬果容易有蟲害，像是芹菜、菠菜、小黃瓜、青椒、甜椒、蘋果、葡萄、番茄、莓果類、水蜜桃、馬鈴薯等等，若非有機栽種往往使用較大量的殺蟲劑，所以盡量挑選有機的較為理想。

當令好蔬果

蔬菜	1月	2月	3月	4月	5月	6月	7月	8月	9月	10月	11月	12月
高麗菜、大芥菜、結球白菜、空心菜、小白菜、韭菜、胡瓜、芋頭、蘿蔔、菜豆	♥	♥	♥	♥	♥	♥	♥	♥	♥	♥	♥	♥
洋蔥		♥	♥	♥	♥							
冬瓜		♥	♥	♥	♥	♥	♥	♥	♥	♥	♥	♥
蘆筍、絲瓜			♥	♥	♥	♥	♥	♥	♥	♥	♥	
苦瓜			♥	♥	♥	♥	♥	♥	♥	♥	♥	♥
麻竹筍				♥	♥	♥	♥	♥	♥	♥		
茄子				♥	♥	♥	♥	♥	♥	♥	♥	
玉米							♥	♥	♥			
花椰菜	♥	♥	♥	♥	♥					♥	♥	♥
芹菜	♥	♥	♥	♥	♥	♥				♥	♥	♥
胡蘿蔔	♥	♥	♥	♥	♥						♥	♥
甜椒	♥	♥	♥	♥	♥	♥	♥	♥	♥		♥	♥
蘑菇	♥	♥	♥									♥
馬鈴薯	♥	♥	♥	♥								♥
水果	**1月**	**2月**	**3月**	**4月**	**5月**	**6月**	**7月**	**8月**	**9月**	**10月**	**11月**	**12月**
楊桃、柑橘	♥	♥										
蓮霧		♥	♥									
枇杷、梅子			♥	♥								
李子				♥	♥							
桃子					♥							
鳳梨					♥	♥						
荔枝、芒果						♥	♥					
梨子							♥	♥				
龍眼								♥				
芭樂、柿子								♥	♥			
柚子、香蕉									♥	♥		
木瓜										♥	♥	
柳橙、椪柑											♥	♥
番茄	♥											♥

資料來源／行政院農業委員會農業藥物毒物試驗所

當季的農作物抵抗力最強、病蟲害也最少，使用的農藥的機率也最低。依照不同節令購買當季蔬果，不只把關食安，更兼顧多元不同的營養素。冬季氣候寒冷，病蟲害較少，蔬菜整體安全性較高，是大快朵頤的好時機！

認識農產品驗證標章

原料以國產品為主，同時在衛生、品質、包裝標示等均需符合規範。	檢測耕種所使用的農藥以及安全採收期是否符合法規，並且識別碼可以追溯產地等資訊。但因為沒有驗證單位檢驗發放、加上偽造標籤嚴重，農委會已宣布將於 2019 年 6 月停用。	生產過程公開透明化並經過驗證機構的嚴格監控，消費者可上網或掃描 QRCODE 查詢農產品的生產紀錄。	產銷過程不使用化學農藥或肥料及食品添加物，同時需要經過驗證規範。

圖片來源／行政院農業委員會

處理

清洗蔬果，務必掌握「先浸泡、後沖洗、再切除」的步驟原則。

沖洗前最好浸泡約 5 分鐘，溶解蔬果表面的農藥，接著以大量的流動清水多次沖洗，有效去除較多的農藥。臺灣省農業藥物毒物試驗所翁主任指出，有沒有先泡水，洗掉農藥的成效可能有 30%之差。務必要先清洗乾淨才開始削皮或是下刀切，可以避免農藥順著切口滲入而汙染食物。

①**耐久放的蔬菜水果：**如南瓜或蘿蔔，擺在室溫中有益於農藥揮發。植物本身具有分解微量農藥的能力，購買後擺放 1 ～ 2 天再食用，可降低農藥殘留。不過蔬果久放，也有嘗鮮期和營養價值流失的擔憂。

②**小葉菜類：**先將外葉的泥土沖洗乾淨，浸泡後再切除根部，將葉片分開仔細沖洗。而包葉菜農藥最常殘留在外葉上，必須剝除最外層的 3 ～ 5 片菜葉、浸泡、切開後挖去菜心與根部，再一片片剝開沖洗。

③**瓜果根莖類：**可使用軟毛刷輔助，將凹凸不平的死角徹底刷洗乾淨再削皮。若需連皮食用，也必須切除農藥最容易累積的蒂頭。

④**食花不食葉的蔬菜：**如花椰菜或高麗菜，農藥容易卡在細密的花蕾處，建議清洗後再分切，務必經過汆燙才能進行料理或食用。

⑤**水果：**無論是否去皮，食用前仍以清水沖洗，最好以軟毛刷徹底刷洗水果表面、容易殘留農藥的蒂頭處與凹陷處，再切除蒂頭，即可去皮或直接食用。

但像龍眼、荔枝、草莓、葡萄、小番茄這類小型的水果，通常帶有枝、梗和蒂頭，浸泡、清洗後剪下枝、梗（需預留一小截枝梗），食用前再切或拔除，避免果肉暴露在外被殘留農藥汙染。

保存

- 避免潮濕，多半蔬菜建議料理前才現洗、現切、現吃。只有少數結實的蔬菜類（如綠花椰、白花椰）可以清洗分切後燙熟，冷凍保存。
- 比較嬌嫩的葉菜類或香料類（如九層塔、香菜、菠菜）怕潮濕，可以使用牛皮紙或報紙包覆吸收濕氣，放入冰箱冷藏。
- 部分根莖類的蔬菜（如馬鈴薯、地瓜）保存在室內陰涼處，不要疊放，亦可冷藏。
- 未熟的水果盡量在室溫下放到成熟後才冷藏。但像蘋果、木瓜、鳳梨、香蕉、柳橙等，可置於室溫下保存，放在通風陰涼處，不要用塑膠袋密封，因袋子包封所產生的水氣容易使水果發霉，若已切開則需置於密封保鮮盒再冷藏。

肉類與雞蛋

肉類與雞蛋最常遇到的汙染問題，大部分來自於餵食的瘦肉精與飼料，以及施打賀爾蒙／抗生素／激素／疫苗等藥物。

有些畜牧業者為了追求產能與低成本，以含有混合脂肪酸的飼料（易被戴奧辛或農藥汙染）或是廉價的基因改造玉米和黃豆餵食，不只讓這些毒素長期累積在動物體內，甚至基改作物也進到我們的食物鏈中。

選購

- ✔獲得「有機認證」的畜產品最佳！合格認證的「CAS 優良食品標章」以及「屠宰衛生檢查合格」也是首選。若習慣在傳統市場購買肉品，也盡量在有信譽、老字號的肉販購買，品質比較有保障。
- ✔選擇有光澤、彈性、脂肪顏色正常（家畜類白色、家禽類乳黃色）、無黏液、無血水和無腥臭的肉品。若是進口肉品，請注意產地與官方檢疫證明等文件。
- ✔紅殼或白殼雞蛋的營養價值相同，選擇蛋殼粗糙、氣孔明顯、乾淨無破損或裂痕，打開後蛋黃膜有彈性，並且蛋黃硬挺飽滿不易破裂者為佳。
- ✔避免購買藥物注射的部位或容易囤積毒素的內臟和脂肪。
- ✔避免生食肉類與雞蛋，以防細菌、寄生蟲的汙染。

處理＆保存

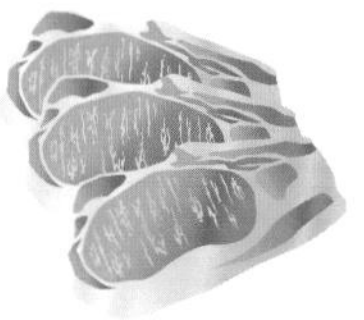

①肉品：生鮮肉品在室溫下會持續腐壞，採購後盡快分切、切除多餘脂肪或皮，再密封保存。冷藏最好不超過 2 天，如果短時間內不煮，最好冷凍不超過 1 個月。

若已確定好烹調方式，也可先煮熟或汆燙後冷凍，這個步驟不僅可以延長保存期限，還能殺菌，降低肉類殘留的抗生素和賀爾蒙汙染。

▶Tips：解凍肉品最安全的方法

· 5 ～ 57℃是細菌孳生最快速的溫度，建議烹調前一晚將肉品置於冷藏，低溫慢速解凍至少 24 小時（48 ～ 72 小時內必須烹調完）。

· 若臨時需烹調，可將肉品密封後放入流動的冷水中解凍（或每隔半小時換一次水），解凍後立刻烹煮。無論是哪種方式，請盡量避免反覆解凍與冷凍，不但影響肉質，細菌也會大量孳生。

②雞蛋：冰箱冷藏保存（非洗選蛋可擦拭表面髒汙，不可沖洗），尖的朝下、圓的朝上直立。烹煮之前，務必用清水洗淨才開始打蛋。

海鮮類

經過臨床統計，真正對海鮮過敏的比例並不高。事實上，我們常誤認自己對海鮮過敏，即使是同樣的海鮮，卻不是每次吃都過敏，這可能與新鮮度有關。

富含蛋白質的海鮮腐敗速度極快，海鮮死亡後約 3 ～ 5 小時開始釋放組織胺與其他有害物質，食用後所造成的中毒反應，經常讓人誤認是過敏。

也因此海鮮捕獲後的保存非常重要，若非新鮮海鮮，盡量尋找經過急速冷凍＋真空包裝的海產，購買地點的冷凍設備也該保持 -18℃。

此外，野生捕撈的海鮮營養價值普遍比養殖海鮮高，不過養殖或野生捕撈皆有其利弊，野生捕撈最常出現重金屬（汞）、戴奧辛和多氯聯苯殘留，大型魚類中又以肉食性的魚類重金屬汙染較嚴重，像是旗魚、鮪魚就比吃素的鮭魚和鱈魚要來得毒；而養殖海鮮若環境受到汙染，除了農藥、重金屬和戴奧辛外，也有地下水中的砷或抗生素、賀爾蒙等，但不要太擔心，多樣化均衡而適量的攝取，對身體仍是利大於弊！

▶Tips：甲殼類熬湯要趁新鮮

‧ 許多人會把蝦頭或魚頭熬煮成高湯，雖然美味鮮甜，但這些部位卻是最容易囤積環境賀爾蒙和重金屬，建議為了寶寶的健康，還是直接廢棄不用。

‧ 大部分的國家針對海鮮並沒有所謂的「有機認證」，當遇到號稱有機的水產類時，千萬「停看聽」。

選購

- ✔魚類：魚眼澄澈、魚鰓鮮紅帶有黏液、魚身飽滿有彈性、鱗片平整緊實、魚體完整無損及無腥。若已分切好的魚類，需注意肉片顏色飽滿且富有彈性。但已冷凍過的魚無法評估肉質或彈性，仍由外觀的色澤、眼睛光澤來辨別。
- ✔頭足類：如花枝、小管、透抽、烏賊、魷魚、章魚等，注意眼睛是否明亮，身體飽滿有彈性且沒有黏稠感，具有透明感為佳，皮膜完整有光澤，吸盤完好無脫落，聞起來沒有腥臭味。

- **乾魷魚及魷魚：** 乾魷魚以身體厚實、形體長、表皮呈自然淺褐色者為佳。經常在表皮上出現的白色粉末則是乾燥過程所產生的自然現象，摸起來帶點粉的感覺、乾燥不粘膩並有濃郁的腥香味。而魷魚比較不建議購買水發的，因大部分都經過化學藥劑泡發。
- **帶殼海鮮類：** 如蝦、蟹、貝、螺等，鮮蝦需注意蝦體明亮、硬挺沒有黏液，蝦頭、蝦殼與肉之間緊密，用手捏蝦肉有彈性，沒有腥臭味者較佳。若購買市售剝好的蝦仁，要注意肉質結實有彈性，千萬不要買袋裝的泡水蝦仁。

  而螃蟹以活蟹最好，若非活蟹也要經過急速冷凍處理，否則體內的組胺酸開始釋放毒素，容易引發食物中毒。從外觀來看，蟹腳完整不斷裂、蟹殼背部帶有光澤較佳。

  活體貝類鮮度較好，需注意形狀完整無破裂，取兩個貝類互相敲擊，發出清脆聲響則代表新鮮。
- **乾貨：** 烏魚子應呈深橘紅色、乾燥帶有點腥香味，色澤均勻飽滿透亮。蝦米、干貝、鮑魚應選擇乾燥無異味、無裂痕、顏色自然不過於鮮豔。

處理＆保存

生鮮海鮮類的保存原則：**清洗乾淨→汆燙溶出有害物質→分裝→密封冷藏或冷凍**，並儘早食用完。若是購買冷凍水產，不需解凍、分裝或拆封，請儘速冷凍保存。另外，海鮮類經過浸泡後可以避免有害物質殘留，但除了帶殼海鮮之外多少都會影響口感，若不希望浸泡，就不能省略汆燙的步驟。

①**生鮮魚類：** 刮鱗、刮除內臟、去鰓等步驟（亦可購買時請魚販處理），

將魚身內外洗淨後，使用滾水汆燙 3 分鐘溶出有害物質，撈起擦乾，使用密封袋冷凍保存，最長可達 1 個月。冷凍魚類需儘速於冷凍狀態放入冷凍庫，避免回溫腐壞。

②**蝦蟹貝等帶殼海鮮類**：生鮮活蝦洗淨後以保鮮袋分裝放入冷凍，料理前務必去腸泥。活蟹則是使用牙刷徹底刷乾淨，用力卸下螃蟹的腹蓋，剪去鰓、眼睛、口部與內臟，排泄物擠出，最後刷洗腹蓋內側，浸泡清水 10 分鐘流出髒水並溶出有害物質，儘快蒸熟或燙熟，放入冷凍並於 3 ～ 7 天食用完。

③**貝類**：需經過吐沙才能存放。先在流動水下搓洗外殼，浸泡於淡鹽水中 3 ～ 4 小時吐沙，最後以清水清洗一次排出髒水與鹽分。若沒有立即料理，可以連同淡鹽水和貝類一起冷藏 2 ～ 3 天（每天都需更換鹽水），或放入保鮮袋密封冷凍。

④**新鮮頭足類水產**：買回家後儘速使用清水與少許粗鹽搓洗乾淨，撕去皮膜後將頭部拉開（或切開身體再去頭亦可），去除腹部中的內臟、黏液與軟骨再沖淨，密封冷藏 1 ～ 2 天或冷凍 1 ～ 2 週。活蟹活動力太旺盛會不好處理，建議先冷藏 1 ～ 2 小時，降低牠的活動力，或是肚子朝上放入約 45 度的溫熱水中，等到螃蟹翻過身時即可處理。

▶Tips：處理最佳小訣竅

· 野生捕獲的魚類，部分不肖業者在運送過程中可能會添加甲醛來防腐，所以我通常在解凍後、料理前先在水中浸泡 15 分鐘，並使用流動水清洗幾次才烹煮，

· 吻仔魚其體積小、累積的毒素較少，但仍有業者以漂白水或福馬林來增加賣相或延長保鮮期。購買後建議用清水淘洗數次，再以流動水沖淨，最後熱水汆燙 1 分鐘即可撈起、分裝、密封並冷凍。

· 活蟹活動力太旺盛會不好處理，建議先冷藏 1～2 時，降低牠的活動力，或是肚子朝上放入約 45°C的溫熱水中，等到螃蟹翻過身時即可處理。

如果買不到有機食品，哪些食物寧可不買？

為什麼我特別強調吃有機飲食？2012 年美國小兒科醫學會發布一份重要報告，認為孩子對於「農藥殘留」具有「獨特的敏感性」。美國小兒科醫學會引用一項研究，將幼兒飲食中所攝取的農藥，對於兒童癌症、認知功能下降（大腦和神經系統的損害）與行為問題（如過動症與自閉症）中的相關性列舉出來，並且建議家長應該提早了解各種水果與蔬菜中相關農藥含量。

2017 年美國蔬果農藥高殘留 & 低殘留排名農產品

	最毒的蔬果		最安全的蔬果
1	草莓	1	甜玉米
2	菠菜	2	酪梨
3	油桃	3	鳳梨
4	蘋果	4	包心菜
5	葡萄	5	洋蔥
6	桃子	6	冷凍豌豆
7	櫻桃	7	木瓜
8	西洋梨	8	蘆筍
9	番茄	9	芒果
10	西洋芹	10	茄子
11	馬鈴薯	11	香瓜
12	甜椒	12	奇異果
		13	哈密瓜
		14	白花椰菜
		15	綠花椰菜

・超過 98%的草莓、菠菜、油桃、櫻桃和蘋果，測試出至少含有一種以上的農藥殘留，有部分的草莓採樣甚至殘留達 20 種農藥。
・酪梨和甜玉米是最乾淨的，約只有低於 1%的樣本測試出農藥殘留。
・超過 80%的鳳梨、木瓜、蘆筍、洋蔥和包心菜都沒有測出農藥殘留，也是不錯的選擇。不過，玉米和木瓜乍看之下雖然農藥殘留少，但卻是基改食品的大宗。

資料來源／美國環境工作組

臺灣農產品農藥殘留地雷禁區

豆菜類

如菜豆、長豆、甜豌豆、豌豆、四季豆、荷蘭豆，大部分屬於「連續採收型」作物，耕種的過程為了預防部分未成熟的農作物遭受蟲害而噴灑農藥，一旦未加留意，就可能碰上「今天噴藥、明天採收」的狀況，大大提高農藥殘留的風險。

Point!

農藥最常累積在頭尾處，建議浸泡時可以添加一些食用小蘇打粉溶出農藥，沖洗後剪或撕去蒂頭。

瓜果類

如小黃瓜、苦瓜、胡瓜、甜椒、番茄、茄子。相較於在美國茄子擠進前15名安心蔬果的行列，但臺灣茄子栽種上較難進行套袋，同時生長過程中又面臨病蟲問題，不得不施以農藥控制病蟲害，所以茄子的農藥殘留特別嚴重。

而小黃瓜、胡瓜、甜椒、番茄同樣屬於連續性採收型作物，無法一次採收的狀況下也難以估算安全採收期，被農藥汙染的情形也很嚴重。

Point!

清洗表面時可以輔以軟毛刷將凹陷處徹底刷淨，而蒂頭最常有農藥累積，務必切除，或使用滾水汆燙後才開始料理或食用。

小葉菜類

如小白菜、菠菜、青江菜、芥藍、茼蒿、空心菜、芹菜、A 菜。葉片軟嫩易有蟲害，加上生長期短，因此菜農最常復耕、搶收，經常噴灑農藥後未達安全採收期就收成。

Point!

農藥最易殘留在根部，必須先將根部切掉 3 ～ 5 公分丟棄，再將每片菜葉仔細撥開後以清水洗淨。

溫帶水果

如草莓、梨子、蘋果、水蜜桃、葡萄等。臺灣地屬熱帶，原本就不適合栽種溫帶水果，使得水果體質孱弱、抵抗力不足，容易有蟲害，因此栽種過程中，使用農藥殺蟲劑來維持外觀，或是賀爾蒙催生催熟來抬高市價。

不過現在許多農民的耕種知識成長，像是梨子、蘋果、水蜜桃、葡萄，甚至楊桃、蓮霧、番石榴等，耕種時為了避免鳥類啄食或害蟲入侵產卵，會使用套袋方式保護果實，隔離農藥接觸，殘留風險相對較低。

不論在臺灣或美國，「草莓」被一致公認為頭號最危險的名單。草莓和豆菜類同樣屬於連續採收作物，農藥重複噴灑，導致先收成的作物可能不到安全採收期必須強制收成，加上草莓皮薄香甜，病蟲害頻繁，清洗上絕對要多留意！

羅比媽小叮嚀

只要依照正確的步驟仔細清洗及處理，都能避免大量的農藥吃下肚。近年來，蔬菜生吃也頗受大家歡迎，不過高溫烹調、汆燙仍是分解大多數農藥殘留的不二法門，如果必須生吃蔬菜，盡量選擇有機栽種的農產品較安心！

超實用的副食品工具

料理類

1. 研磨碗

其內壁具有凹凸的線條，類似磨藥丸的搗藥缽，搭配一個單手握柄，不論在家或外出都能即時將食物搗碎磨成泥，磨完後直接餵食，一碗到底，容易攜帶且價格平實。

但缺點是比較費時費力、磨成的泥比起機器打出來的較不細緻，同時多半材質都是塑膠 PP，雖然部分 PP 材質可耐高溫，但是最終產品加入塑化劑，顏料等添加物仍有機會溶出，加上微波爐加熱不均勻，會產生部分熱點超出耐熱溫度，建議選用玻璃或陶瓷材質為佳。

2. 攪拌棒

在不需要更換容器的情況下，整支攪拌棒深入烹調好的副食品中，即便是少量的食物也可以打成泥。建議攪拌頭選擇「不銹鋼」材質，以防攪打熱食時釋出有害物質。

3. 果汁機／調理機

機種若是比較馬力強、轉速快，往往可以將食物在高速運轉下打成泥狀，減少氧化的時間，保留最多的營養，甚至可以打出媲美市售罐頭一般細緻的食物泥。

缺點是量少不容易操作，適合食量大的寶寶或是偏好一次做大量分裝成冰磚的家庭。

市售容杯的材質分成玻璃與塑膠 PP，若購買塑膠的容杯除了注意食物的溫度不得超過說明書的限制外，也要留意是不含雙酚 A 材質。

Point!

若使用攪拌棒、果汁機和調理機，皆要避免用來打生肉，因其含有很多大腸桿菌，攪打過程中，生肉的組織會卡在機器與刀刃的細縫而無法徹底洗淨。若有攪打生肉的需求，建議像砧板一樣，生熟食各使用不同的容杯與刀刃處理。

4. 砧板

材質大致分成塑膠、竹／木、強化玻璃及陶瓷，到底哪種材質最好？似乎至今沒有定論，關鍵在於如何善用與清潔。

目前最多專家、文獻推薦的砧板材質以木／竹為首選，其厚重、韌度強，用力剁肉也不用怕，缺點是易發霉與留下刀痕，但透過重新打磨和塗油保養是可以恢復平滑外觀。而木砧板，則以原木樹幹橫切而成的圓砧板，其纖維牢固不易斷，更加耐用。

若竹子和木頭砧板相比，竹的表現更優於木，其重量輕，較不易發霉，且硬度更高、孔洞更少，水分不易吸收滲透，也較不易留下刀痕、染色（尤其是處理肉類或酸性食材），抑菌能力更好，不必像木頭砧板一樣經常維護保養。木竹製砧板其實有天然的抑菌成分，反而含菌量比市售添加化學抗菌成分的塑膠砧板還要低。

Point!

1. 剛買回來的竹／木砧板已經過油處理，不需額外保養，只要用熱水＋尼龍刷或菜瓜布輕輕刷洗乾淨即可。
2. 使用後以熱水混合些小蘇打刷洗乾淨，盡量不要使用清潔劑。
3. 如果處理肉類、魚類帶有腥味的食材，可以用切半的檸檬沾上粗鹽，磨洗砧板表面。
4. 定期（每 2 ～ 3 週）用廚房紙巾沾白醋擦拭消毒一次，接著把沾了白醋的紙巾敷在砧板上 5 ～ 10 分鐘，最後抹些椰子油保養。

5. 鍋具

根據料理的不同，可選擇搭配使用不同材質的鍋具：

品項	優點	缺點	注意事項
不鏽鋼	耐酸鹼、抗高溫，無化學塗層處理。	材質是有等級之分，不是每一種都適合做為餐具使用。	★304、316 等級的不鏽鋼為鍋具、餐具器皿首選。標示 200 系列的不鏽鋼經常超量添加錳，易溶出重金屬，絕對要避免。標示 400 系列的一樣為食用等級，但因抗腐蝕性差耐磨性佳，較常見於製作刀具。 ★當不鏽鋼餐具表面出現嚴重的凹凸不平，甚至累積汙垢或生鏽時，應汰換更新。
鐵鍋	硬度高、不怕鋼刷或是金屬鍋鏟，非常耐操。	太重、易生鏽。	★需要養鍋或是下鍋時控制好的熱度，食材比較不沾黏。 ★選擇信譽良好的商家／品牌，確保購買的鐵鍋品質良好、成分精純。
不沾鍋	省油、不易黏鍋。	鐵氟龍塗層中的全氟辛酸，在高溫下易釋出，導致生殖系統、肺部受到損害。	★市面上越來越多非鐵氟龍的防沾塗層，如陶瓷不沾鍋（仍要小心陶瓷塗層脫落）、一體成型的陽極不沾鍋（鋁或鈦皆經過高溫電鍍而成，沒有塗層脫落的疑慮，也可以使用金屬鍋鏟）。 ★避免高溫（超過 260 度）烹調以及菜瓜布刷洗，只要有刮痕、不沾效果減退、易釋出有害物質就要考慮更換。
鋁鍋	質地輕巧、導熱快速。	長時間高溫燉煮或盛裝酸性食材置放太久，可能溶出鋁離子，長時間過量吸收，恐有阿茲海默症。	★避免使用鋁鍋烹調或盛裝偏酸性食材（如雞肉、番茄、醋）或長時間熬煮中藥材。 ★不適合用金屬鍋鏟來煎炒。 ★選擇信譽優良的店家購買或是鍋具經過陽極處理，避免鋁金屬脫落。 ★若習慣使用鋁鍋，建議多攝取維他命 C，以幫助排出體內過多的鋁。
陶鍋（砂鍋）／陶瓷鍋	受熱均勻、耐高溫且保溫效果好。	若釉色劣質，可能在烹煮時釋出鎘、鉛、六價鉻等重金屬。	★務必挑選鍋內素色、沒有花紋的產品。 ★適合用來長時間燉煮、煲湯、熬中藥湯。

餵食類

1. 餐具

市面絕大數的嬰幼兒餐具為了達到「摔不破」的目的，都採用塑膠或美耐皿，其材質含有雙酚 A 及三聚氫胺等會傷害內分泌系統的環境賀爾蒙，只要盛裝熱食或酸性食物就可能溶出有害物質，進而被消化道吸收，累積在腎臟、膀胱，甚至罹癌機會提高。

而五花八門的造型餐具，經常以鮮豔色彩或流行的卡通人物吸引買氣，事實上這些顏料往往含有重金屬殘留，也不易被人體代謝排出，一不小心剝落誤食而造成慢性鉛中毒，甚至損害器官和提高癌症風險。

如同鍋具和砧板的選購指南一樣，我只相信不鏽鋼、陶瓷／玻璃、木／竹製品，另外像矽膠因耐熱性佳也是我選購的材質之一。

Point!

- 以素色、設計簡單不花俏為選購原則，尤其是接觸食物那一面。
- 許多塑膠與美耐皿製品不能高溫消毒、不能進電鍋或微波爐，使用前請詳細閱讀耐熱標示以及使用限制。
- 清洗時以熱水與海綿搭配為佳，避免使用菜瓜布或鋼刷刮傷餐具表面。
- 只要出現刮痕或變形，立刻淘汰換新，避免髒汙或清潔劑殘留在刮痕中被誤食。

2. 食物剪

寶寶在 11 ～ 12 個月甚至 1 歲後，會開始和大人一起用餐，有些家長或許不會將寶寶的食物分開料理。面對長麵條、春捲或是大塊較難咬斷的肉類時，食物剪就是一個輕鬆好用的工具。

特別推薦不鏽鋼或陶瓷材質的剪刀，除了比塑膠材質鋒利好剪外，使用在熱食上也不會釋出有害物質。此外，可拆式食物剪也不錯，可以拆開清洗，避免中間食物、油漬殘留，刀刃處備有護套也是一大加分，使用安全又便利攜帶。

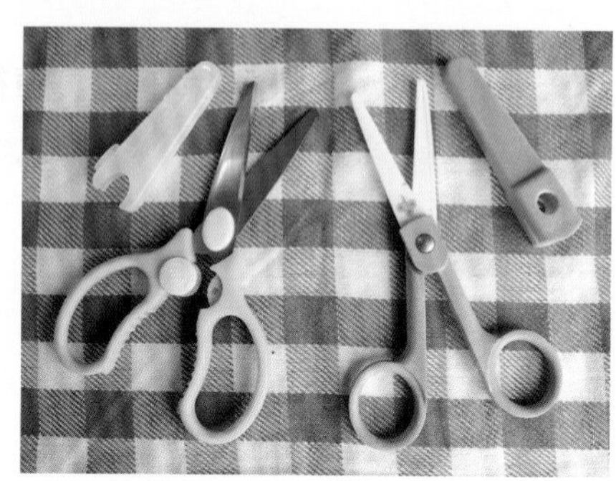

保存類

1. 帶蓋的玻璃或不鏽鋼容器

這兩種材質都耐熱、耐冷，副食品完成後即可分裝。其中不鏽鋼容器導熱／導冷快，可以在較快的速度內降溫或回溫，減少細菌孳生。

我喜歡使用玻璃樂扣來保存副食品，不論冷凍保存或微波爐／電鍋加熱都很方便。

2. 製冰盒

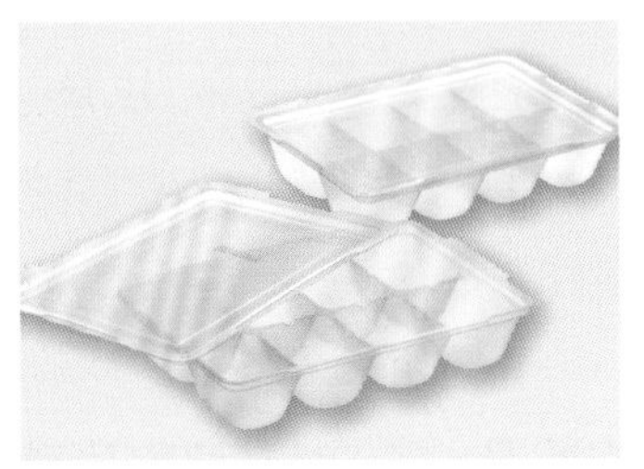

將副食品做成一塊塊冰磚，只要使用電鍋或微波爐複熱即可餵食。

材質部分建議選擇 PP（耐熱可達 130℃）和矽膠（耐熱可達 260℃），以有蓋子為佳，一來避免在冷凍庫裡交叉汙染，二來可以重疊置放，節省冷凍庫空間。

3. 保鮮夾鏈袋

不只保存冰磚方便，又能在保鮮袋上記錄食材名稱和製作日期，甚至分裝各種食材，是主婦的好幫手。

市售保鮮夾鏈密封袋多屬 PE 材質，不耐熱，但低溫約可達 -40℃，用來冷凍或冷藏保存食材可安心，同時留意包裝上需註明不含雙酚（BPA- Free）。

Point!

- 就算不加熱，易被油脂溶出的塑化劑仍是一大隱憂。不含油脂的五穀類、蔬菜水果類，可以使用保鮮夾鏈袋保存；反之，富含油脂的鮭魚、肉類則建議使用玻璃或不鏽鋼容器。
- 推薦大家購買無漂白的烘焙紙，將含有油脂的食材以烘焙紙包起來，再裝入夾鏈袋中，避免食材直接接觸塑料面，冰磚也可以如法炮製。烘焙紙除了烘焙之外，還可以廣泛運用在保存食物上，其不沾黏、不易破的特性，解凍過程不難撕除，甚至像培根、肉片、絞肉這種食材，也可以使用烘焙紙間隔折疊，不需整包解凍即可輕易分開，是居家必備的強大武器！

副食品攜帶外出 2 大原則

比起微波爐覆熱副食品冰磚，我更喜歡用電鍋，確保食物加熱超過 100℃，除去某些活菌產生的毒素。（不過仍有許多細菌產生的毒素具耐熱特質，例如金黃色葡萄球菌）。偶爾我也會偷懶用微波爐加熱，方便快速、營養也不流失。但出外時，副食品的加熱與保存就是另一門學問了。

20 ～ 50℃是許多細菌快速生長繁殖的危險溫度。一般而言，食品加熱或是沖泡奶粉，溫度最好超過 70℃，才能消滅大部分的細菌。保存溫度方面，熱存須高於 60℃、冷藏須低於 7℃才能抑制細菌生長。

Tips

1. 外出餵食時間若夏天低於 1 小時、冬天低於 2 小時，可以攜帶已經加熱超過 100℃的副食品，裝在燜燒罐、保溫罐中，並在時間內餵食完畢。
2. 若超過上述時間才餵食，可將冰磚置放於保鮮盒內，使用保冷袋加上冰寶加強低溫狀態，盡量於 4 ～ 6 小時內餵食完畢。

Part 3

副食品輕鬆做！寶寶分齡飲食指南

以自然醫學來說，寶寶吃副食品的時間、份量和順序等，都沒有一定的規則，文中所提供的只是參考值，只要孩子的生長曲線都在標準值內，沒有腹瀉或便祕等不適，也無營養不良，那麼就交由「孩子自主」！
每個孩子階段性的需求皆有所不同，建議父母在餵食過程中，觀察孩子的接受度，彈性調整餵食內容和方式，鼓勵嘗試，但不過度勉強！

掌握副食品的餵養時間與份量

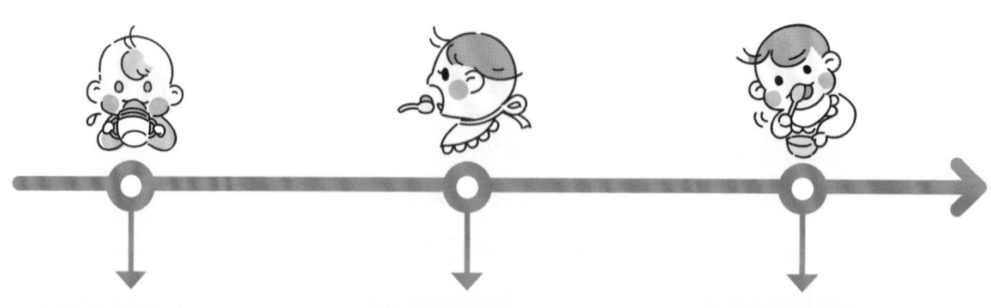

4～6個月的寶寶

一天一餐，一餐不用多。

中午吃奶之前，吃完後再喝奶。

Point！

有吃就好，追求的是嘗試而非營養與飽足。

7～9個月的寶寶

一天兩餐，一餐約半碗。

中午和下午餵奶之前，吃完再喝奶。

Point！

此階段可以考慮斷奶一餐，其中一餐吃完副食品後不餵奶。

10～12個月的寶寶

一天三餐，一餐約2／3碗。

慢慢調整配合大人的三餐時段，早中晚各一次，一樣都在喝奶前先餵。

Point！

此時期可以考慮斷第二餐奶。

時間、份量、先喝奶還是先吃副食品，眾說紛紜，以自然醫學的角度來說，則比較崇尚「孩子自主」。有些家庭晚睡晚起，所以第一餐下午吃剛剛好；有些寶寶要喝了奶才會開胃，先給副食品反而不賞光；也有寶寶天生食慾比較差、就是愛喝奶多一些，因此對副食品興趣缺缺，或是一吃副食品就開始厭奶，這些都是正常的。我們僅提供一個參考值，只要小朋友的生長曲線都在標準值內、沒有營養不良或腹瀉、便祕等不適，媽媽們就大膽的放下書本「照豬養」吧！

羅比媽小叮嚀

第一次嘗試的新食材，建議在中午前食用完，以利保留較長的時間觀察餵食後的反應，如遇到過敏症狀，也不會因為在深夜睡眠中而被忽略。

爸媽學起來！
寶寶第一口副食品「10 倍粥」

剛開始餵食，爸媽或許會出現很多挫折，因為寶寶本能的反射動作會用舌頭將異物頂出去，只要多加練習即可，只要吃進去一兩口也無妨。重點是嘗試的「過程」，而不是吃進去多少東西的「結果」。

PART1 所提及，寶寶第一口副食品的優先選擇，可以從 10 倍粥開始，稻米是一種很溫和、低敏的食材，爸媽可以很放心讓寶寶嘗試！

倍粥的概念，其實就是指米和水的比例。10 倍粥就是米：水 =1：10，依此類推。

優質 10 倍粥 DIY

【材料】白米 30 公克、水 300cc （米：水＝ 1：10 ）

【作法】

1. 白米淘洗乾淨，瀝乾水分，倒入電鍋內鍋，再加入 300cc 的水。
2. 外鍋加 1.5 杯水，蒸煮至開關跳起後燜 15 分鐘即可取出。
3. 使用果汁機、食物調理機或攪拌棒，將 10 倍粥攪打成極細無顆粒的米湯，即可分裝冷凍與餵食。

各階段月齡的食物添加法則

寶寶在每個階段的牙齒數、咀嚼能力都不同，而副食品的給予應該要視孩子的發育狀況、餵食反應來進行添加。本書雖然已將食譜依照不同月齡的寶寶劃分，仍強烈建議媽媽們在餵食過程中觀察孩子的接受度，彈性調整顆粒粗細度與濃稠度來餵食。

・0～3個月的寶寶：

以母奶或配方奶為主食，不需要額外添加副食品或飲水。

・4～6個月的寶寶：

以母奶或配方奶為主食，若孩子的身心已滿足P.18「餵副食品『Never Too Late』」所提及的條件，可以開始採用10倍粥以及（米：水＝1：10）差不多濃度、近似稀狀的液體。

・7～9個月的寶寶：

採用7、8倍粥（米：水＝1：7or8）以及差不多濃度的食物泥，循序漸進調整至稀飯（米：水＝1：5），食材可以使用調理機打細。

・10～12 個月的寶寶：

可嘗試燉飯（米：水＝約 1：2）或炊飯，食材使用菜刀切碎。

・寶寶 1 歲以上：

目標達成！成人食用的白米飯（米：水＝ 1：1），與大人同桌吃飯且不需另外備菜，不過較難咀嚼或太大塊的食材需用食物剪處理，以利孩子吞嚥。

Point!

從第一口副食品的嘗試，直到可以和大人同桌進食，都需要經過一步步的練習，有的孩子快些、有的孩子慢點，爸媽需要多點耐心、順著孩子自己的步調進步！

羅比媽小叮嚀

剛開始吃副食品的時候，奶量會下滑 30ml ～ 50ml，這屬於正常的現象，順其自然就好，寶寶不會餓著自己。只要副食品吃得好、奶量自然會慢慢減少直到斷奶，此時副食品營養均衡才是關鍵，不需要試圖增加餵奶頻率。

滿 1 歲開始，奶已不是主食而是飲料，可以改為餐間的飲品或早晚點心。

不再手忙腳亂！
3 步驟製作冰磚

雖然現煮最能保留最新鮮完整的營養，但並不是所有的爸媽都有時間或精神餐餐現煮。加上剛開始嘗試副食品的寶寶食量不大，若是每餐皆大費周章卻只準備一點點的副食品，對家長來說既辛苦又不便。

冰磚的好處不只方便快速，同時也能讓其他照顧者輕鬆接應，減輕媽媽的擔心與壓力。此外，每餐都可以享受變化豐富的菜單組合與不同的風味，讓孩子每次用餐都是一場新鮮的體驗。

步驟 1：所有食材全部煮滾後，不需放涼**直接分裝並加蓋**。
通常副食品保存容器或蓋子中可能含有少量的細菌，直接裝入熱食並加蓋，剛好利用食物的高溫與蒸氣將大部分殘留的細菌一舉殺死，降低汙染的可能性。

步驟 2：分裝完畢後**趁熱**儘速送入冷凍庫，1 星期內食用完畢（冷藏 1 ～ 3 天）。**不需要完全降至室溫，否則會讓營養隨著降溫過程慢慢流失，同時也停留在 20 ～ 50℃危險溫度帶，導致滋生更多細菌。**

步驟 3：食用前使用微波爐或電鍋直接加熱至適合入口的溫度即可餵食，如果不放心的話，亦可加熱至沸騰，多一次殺菌的程序。

Point!

手部一旦有傷口，請盡量不要料理幼兒的副食品，以免因金黃色葡萄球菌汙染而造成食物中毒，若需要料理，請務必戴手套。

安心吃不過敏！寶寶飲食四大禁忌

✖ 蜂蜜

蜂蜜中可能含有肉毒桿菌的孢子，其釋放的毒素會抑制神經傳導、麻痺肌肉，甚至會危及生命。尤其 1 歲以下的嬰兒腸道酸性不足，益生菌叢少，孢子比較容易在腸道繁殖並分泌毒素。1 歲以上的孩子，腸胃道的酸性逐漸增加，益生菌的保護也較完整，對於孢子入侵也較有抵抗能力。

Point!

肉毒桿菌非常耐乾、耐熱，即使超高溫烘焙或 100℃滾水也無法徹底殺死這些芽孢，所以烘焙的點心或零食裡若摻有一點點蜂蜜，絕不能讓 1 歲以下的寶寶食用！

✖ 高糖食品

研究證實，糖是破壞人體免疫系統的元兇，因為葡萄糖會和血液中的維生素 C 競爭，削弱吞噬細胞的正常運作而導致免疫力下降，所以愛吃甜的小朋友通常感冒會好得慢、生病的頻率也較高。

除了甜食之外，白飯、白麵、白吐司等精製的碳水化合物，都屬於「醣」類食物，在人體內會被快速分解成葡萄糖而被吸收，造成血糖震盪。

糖當然也非一無是處，糖是人體獲得能量的來源，適量攝取可以讓人體正常運作，建議優先選擇攝取蔬果中的糖分，以及粗纖維的碳水化合物（如糙米、五穀雜糧等）。另外選擇未精製的黑糖、較天然的蜂蜜，或是有機能性的木糖醇、甜菊來取代白砂糖或果糖。

我蠻鼓勵媽媽們在家裡自己捲起袖子練習料理與烘焙，過程中較能自行控制砂糖用量，若經常食用市售的蛋糕、餅乾、糖果和冰淇淋等，那麼糖攝取量超標是必然的結果（更別提其中的化學色素與香料）。還有市售的果汁、汽水、養樂多等，都是空有熱量卻幾乎沒有營養價值的飲品，攝取過量對身體都是負擔。

✖ 咖啡因

國外建議 12 歲以下兒童每公斤每天不要吃超過 2.5 毫克（mg）的咖啡因，否則可能會影響睡眠、情緒焦慮、躁動不安、食慾降低、有礙吸收營養，更可能造成咖啡因成癮，對於健康、學習與腦力發展都有負面影響。

一旦咖啡因透過腸胃進入血管，便會在體內停留好幾個小時才慢慢代謝，而孩子的代謝系統又不比大人快速。加拿大有份咖啡因攝取量的建議，可供爸媽們參考：

4 ～ 6 歲一天上限 45 毫克（mg）
7 ～ 9 歲一天上限 62.5 毫克（mg）
10 ～ 12 歲一天上限 85 毫克（mg）

除咖啡外，巧克力、茶、可樂及其製品都含有咖啡因，如果要讓孩子食用這些食物，務必適時適量。

以 4 歲左右的孩子為例，早餐一杯奶茶，加上一大碗巧克力口味的早餐穀片，課後點心時間再喝杯熱可可或巧克力厚片，整天的咖啡因攝取量就已經超標了！

至於 0 ～ 3 歲的孩子雖沒有明確的數據規範，但以目前的研究報告來評估，每公斤體重 2.5 ～ 3 毫克都屬於安全範圍，只要不過量，影響都不會太大。

不過當然每個孩子體質不同，敏感度與耐受度不同，建議父母可觀察寶寶的日常反應。若是到了一般的就寢時間，卻比平日更興奮、或躺下後比平常不容易入睡，很有可能是受了咖啡因的影響，建議不妨多觀察幾次再來下結論。

✖ 反式脂肪

早期的家庭主婦做菜，經常在灶邊就放上一罐自煉的牛油或豬油，終年用它來炒菜，不需要放冰箱也不會腐敗，伴隨我們的上一代走過經濟拮据的年代，既美味又懷舊。

但在 40 年前受國外醫藥界的影響，突然間一片反對吃豬油的聲浪，認為動物性油脂會提高膽固醇造成心血管病變（幸好後來動物性油脂被平反，又肯定它是冒煙點高又穩定、適合高溫煎炒炸的好油），於是紛紛改用不飽和脂肪酸且不含膽固醇的植物油。

但天然植物油的缺點是容易氧化變質、不耐高溫，於是製油業者透過「氫化」的加工程序，改變植物油的化學結構，使其可以耐高溫也不容易變質，同時延長保存期限，但是這個過程也會將部分脂肪酸結構由順式改為反式，造成反式脂肪。

反式脂肪的可怕，在於無法被身體代謝，容易增加血液中壞的膽固醇（LDL）含量，降低好的膽固醇（即高密度脂蛋白，HDL），甚至造成各種慢性病，如高血壓、高血脂、高膽固醇、肥胖、癌症、心臟病、中風、各類過敏、氣喘以及糖尿病等問題。

不只是發育中的幼兒及青少年應避免食用，即便是成人吃一點都嫌多。

▶ 反式脂肪地雷！

- 人造奶油、人造牛油（乳瑪琳）、白油／酥油、植物奶油、奶精、冷凍酥皮等都是屬於反式脂肪食品。
- 攝取食物營養標示成分中含有「精製植物油」、「氫化植物油」、「半氫化植物油」、「植物性乳化油」、「轉化油」、「人造奶油」、「酥油」，或英文標示有「hydrogenated」（氫化）的食品，其實也都含有反式脂肪，購買前務必仔細閱讀成分標籤。

過敏真難受！
緩解幼兒食物過敏的對策

食物過敏，是身體免疫系統受到刺激所產生的反應。輕微的食物過敏即使不治療也會自行恢復，但嚴重者也可能導致呼吸衰竭或休克！

一般來說，如果寶寶對於特定食物有過敏反應，快則進食後 10 ～ 30 分鐘、慢則 2 ～ 3 天才會出現症狀，這些得麻煩爸媽多多觀察。

三大過敏反應部位

1. 皮膚

最常見的食物過敏部位，通常在餵食不久後會出現在嘴巴附近、或蔓延到身體四肢的小紅疹，臨床經常會稱呼為「急性蕁麻疹」。

2. 腸胃道

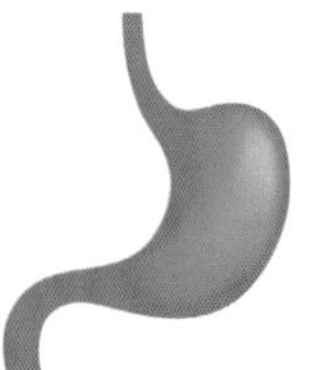

少數的過敏案例會出現帶有血絲的排泄物，或是嘔吐、拉肚子、脹氣、肚子絞痛。

3. 呼吸道

輕則流鼻水、打噴嚏，重則出現氣喘、呼吸出現雜音、呼吸困難等嚴重過敏症狀，建議需儘速就醫，尋求專業的治療與診斷，未來也應避免接觸引發過敏的食材。若孩子有氣喘病史，對於過敏引起的呼吸道症狀又更該加倍注意。

大部分食物的過敏症狀雖然來得快，但也不會持續太久，只要 24 小時之內不接觸同樣食材，身體會慢慢代謝過敏源而恢復原本的狀態，不會反覆發作。

在臺灣臨床上最常見的小兒副食品過敏食材是「蛋白」，但我們卻鮮少聽到大人對蛋白過敏。事實上「食物過敏」不一定是永久性，現在吃會過敏，不代表下一次也會。

揪出寶寶食物過敏源

症狀不嚴重的敏感現象，首先必須「暫停有嫌疑的食材」1～2週，讓孩子的身體休息一下，接著「將份量減半再嘗試一次」。如果連續三次都出現敏感症狀，不妨等到滿1歲後腸道系統更健全再來試看看。只要不是嚴重或致命性的過敏性休克，間隔3個月再嘗試，有可能體內對此食材增加了耐受性，變得不會過敏。

如果是嚴重的呼吸衰竭或休克反應，父母就必須謹慎看待，孩子終其一生都要遠離這個過敏原。不吃該類食材看似容易，但是許多食材都悄悄隱身在市售食品中，而且不一定會有所標示，例如醬油裡面經常含有麩質、沙茶醬，米漿中可能含有花生，當家中若有這類嚴重過敏的孩子，家人在飲食上更需要特別把關，因為嚴重的狀況甚至連沾到、聞到都會產生過敏。

如何謹慎面對食物過敏？

- 父母雙方對於某類食物會過敏時，小孩也有可能對該種食材產生過敏反應。
- 一次只嘗試一種新的食材。
- 嘗試新食材的同時，不要更換配方奶的品牌。

讓孩子好好吃飯的小撇步

1. 飯前不吃零食：

寶寶的胃容量本來就不大，若是餐前吃了零食、點心、牛奶和水果，自然容易產生飽足感，降低對正餐的需求。若是要在餐間提供點心給孩子，至少在餐前 2 ～ 3 小時就必需得進行。

2. 挑選合宜的餐椅、餐具、圍兜：

市面上的寶寶餐椅琳瑯滿目，有高腳椅、折疊式、便攜式等多種選擇，只要掌握三大重點：（1）寶寶坐得安全舒適（2）食物殘渣好清洗不卡縫隙（3）方便媽媽餵食也適宜寶寶和大人同桌用餐的餐椅高度，剩下的功能就全憑個人喜好。

至於餐具選擇請詳見 PART2 單元，材質是最重要的考量，其次才是造型設計與外觀。

圍兜材質五花八門，很多媽媽為了避免弄髒衣服而選擇塑膠材質的圍兜，卻忽略塑化劑的潛在風險，布質圍兜雖然安全但是清洗上既麻煩又易留下污漬。市面上現有的矽膠材質圍兜，好清洗、易折疊，而且前端多半又設置一個小口袋，可承接寶寶練習進食時不小心掉落的食物，羅比媽十分推薦喔！

3. 放下手邊事務，全心享受用餐美好時光：

愉快的用餐氣氛不僅有助於消化，更可維繫家人感情。用餐時，爸媽應以身作則關掉電視、放下手機，孩子們的玩具、童書、3C 產品等都不該帶上餐桌，好好享受這個屬於全家人的珍貴時光，分享彼此心情、交流不同看法，感

謝準備晚餐的家庭成員，或是靜靜的享受食物的美好。把這個時間留給家人、放下焦躁、拋開煩惱，讓所有的不快樂在餐桌上靜止，因為全家人一起吃頓飯是件如此美好、快樂的事！

4. 固定用餐時間、飯菜量適中：

每個孩子的食量不同，且每天的胃口也不盡相同，建議使用餐盤的方式，將飯菜量先固定盛裝好，讓孩子能夠預期應吃完多少食物，若是太多或太少可以一開始就先做調整，才能避免因吃不完所造成的不愉快與浪費。

另外，對剛開始練習吃飯的孩子不建議一口氣給太多食物，宜少量多次的提供。每次吃光盤中的食物，都是孩子無形的「成就達成」，會提高他的進食意願。當孩子把食物吃完後，父母也可以適度給予讚美，但不要過度浮誇戲劇化，讓吃飯變成一種爭取父母肯定的行為。

5. 相信孩子天生具有「吃飯的能力」：

父母決定供應「哪些食物」、「哪時候」吃飯、「在哪裡」吃飯，把「要不要吃」、「要吃多少」的決定權還給孩子。

孩子吃得多的未必長得高，吃得少的也未必就體弱多病，只要能吃得快樂、吃得健康，一定都會頭好壯壯，家長應該充分「信任」孩子可以為自己做出正確的判斷與決定，避免過度干預造成進食的壓力。

不論是好的壓力（如鼓勵、引誘、說服、鼓掌拍手、獎勵、不斷宣導營養成分或是多好吃），或是壞的壓力（如限制食物的數量或類型、哄騙、懲罰、羞辱、批評、乞求、扣押飯後甜點或是孩子喜歡的活動、肢體上的強迫、威脅），對孩子來說都只有負面影響。

6. 孩子挑食，以不強迫為最高原則：

孩子的喜好和大人一樣經常改變，孩子若是不喜歡某食材，有可能是口味、溫度、顆粒粗細、濃稠度等諸多因素造成，不代表挑食或未來一定會不喜歡這個食物。建議新的食物應該重複多試幾次，一試再試不成功，再試一次！

▶破解寶寶挑食有方法

一般最常見的嬰幼兒飲食問題，主要是「挑食」，常常讓父母感到頭痛，該如何是好，不妨試試看以下的方式：

1 有些孩子或許口腔對於味覺或觸覺比較敏感，只要不是飲食太過偏廢，否則有些營養素仍可從別的食材中取得，例如不愛吃紅蘿蔔可以改吃南瓜、不愛吃雞肉則換吃豬肉和魚肉。

2 有時候同樣的食物，運用不同的料理方式、調味、溫度、軟硬、粗細，都會影響孩子對食材的接受度。因此除了讓食材有豐富的變化外，也要鼓勵孩子多次嘗試，當練習的次數越多，就可能慢慢接受。即便孩子對於某些食材沒有意願嘗試，依然持續供應這些食材。

3 透過不同的方式將食物介紹給孩子，例如：鼓勵孩子參與製作過程，或是一起去超市買菜，讓孩子透過觸覺、嗅覺、視覺來體驗各種食材，有時候可藉此降低對特定食材的排斥感，增加接受度。當孩子大一些時不妨邀請他加入包水餃、做 Pizza、捏壽司的行列！

4 儘早讓孩子拓展味蕾的刺激，嘗試各種不同的食材、口味與口感。爸媽也要以身作則，多吃寶寶不喜歡的食物或營養的食物。

5 家長需要特別留意自己對於食物和孩子飲食習慣的「批判」（例如：在人前說孩子是個挑食者、談論對於食物的喜歡／不喜歡）。

當然，幼兒有些飲食行為是「正常的」（如下），做父母的不用過度擔心哦！

- ✔對於口味、氣味、口感敏感。
- ✔不吃蔬菜。
- ✔不喜歡把食物或是湯汁混合一起吃、或是不喜歡食物放到盤子上。
- ✔只吃固定 1、2 種食物，忽略桌上其他的食物。
- ✔今天嘗試或喜歡某一樣食材，但下一次卻不吃了。
- ✔必須長期、多次看到某一樣食材之後才願意開金口嘗試。

Part 4

寶寶飲食常見問題Q＆A

寶寶出生的第一年，是成長最快速的階段，如何提供所需的營養，是爸媽們最關心的話題。本單元邀請專業自然醫學醫師黃文昇，替我們解除飲食上的各種疑問！

幼兒可以吃中藥進補嗎？藥膳料理有什麼注意事項？

A：中醫常以「囝仔人屁股三把火」來形容小孩天生體質偏熱，也沒有循環不良的問題。除非體質有異常且經過醫師診斷需要進補，否則真的不建議幼兒補充有藥性的中藥。

撇開中藥的藥性，倒是可以用溫和的中藥「食材」入菜，增添風味。

例如枸杞有明目、保護血管之效，在《本草綱目》記載中屬於「上藥」，多食有益無害，相當適合小朋友食用的零嘴；甘草帶有天然的甘甜滋味，可以維持修補粘膜的健康；紅棗、白果、百合、蓮子、龍眼也都是溫和、適合入菜的食材，適量即可，若龍眼吃太多容易上火、清熱解毒的蓮子冬天吃多容易太寒。

整體來說，中藥最大的問題是「汙染」，需要慎選可靠的商家，避免買到來路不明、過多農藥、防腐劑或熏硫磺沉澱的產品。

挑選時不需買最大片、最漂亮、最白的藥材，但也要注意不要有蟲蛀的，入菜前務必多次沖洗乾淨。

幼兒飲食可以調味嗎？對腎臟有沒有負擔？

A：小朋友的舌頭是很敏感的，並不需要使用番茄醬、味精、咖哩塊等太多市售添加物的調味品，其鈉含量過高、防腐劑都會對腎臟造成傷害。從小應訓練孩子對於食物原味的正確判讀，讓他們分辨自己喜歡的東西。

不過，像是糖、鹽和醬油，甚至是乾燥香料（如咖哩粉、胡椒粉、花椒粉、大蒜粉）都很適合少量嘗試，或是小茴香、八角等滷肉經常用到的香料，亦可促進腸胃蠕動。咖哩粉則可以宣通肺氣、促進循環與排汗，將呼吸道的溼熱排出體外。尤其對於天生食慾不佳的孩子來說，增添食物的風味能夠改變並提升他們對吃的興致。

Q3 幼兒飲食一定要少鹽少油嗎？

A：大腦中有一個控管喝水量的「口渴中樞」，如果從小養成重口味的習慣，未來身體習慣了這種鹽：水的比例，要再喝到足夠的水量會比較困難，因為身體已適應不會覺得口渴。此時，鹽對腎臟的負擔其實是比較後端的問題，但水沒喝夠，身體就無法維持健康的代謝率。

至於油，品質和量一樣重要。Omega3、Omega6 只要比例對的好油，對健康很有幫助，例如高湯、燉肉等天然動物油脂都不需要撇掉，甚至是來源佳的動物性天然奶油都不需要嚴格禁止，家長也不必擔心過量，因為這些好的油脂需經過吃進去的醣類輔助轉換代謝，才能被人體吸收，當體內醣類用完，多餘無法代謝的油脂自然會從糞便排掉。

如果希望多保留好油脂在孩子的體內，料理時添加一些滷肉常用的八角、小茴香等香料，除了幫助刺激腸胃蠕動，也有機會多吸收一些油脂喔！而炸物的油脂是高溫質變後的壞油，盡量不要攝取。

▶醣類是油脂吸收與否的關鍵

如果連續幾餐都吃得比較油膩，但目的是想要保留這些油脂時，可以靠餐間多吃些醣類食物（如澱粉類、水果）幫助身體吸收油脂。反之，如果希望排出油脂，就要避免吃醣類食物。

Q4 寶寶何時才能吃海鮮、花生？

A：海鮮雖然是非常容易被人體消化分解的蛋白質，但腐壞速度太快，若是消化分解過程不完整，很有可能被細菌腐壞形成組織胺，進而造成過敏。

從營養學角度來看，建議吃海鮮，主要是富含礦物質「鋅」能夠強化免疫力。但是寶寶對鋅的需求並不如成人高，如果家族中有對海鮮過敏的基因，寶寶最好在 1 歲半～ 2 歲後才開始嘗試海鮮類食材。

而花生何時才能吃？美國小兒科界建議，最好 2、3 歲後才開始食用，甚至絕大多數的學校到了中小學仍規定不能攜帶含有花生的食品。因為花生過敏並不是「別吃花生就沒事了」，花生油是屬於「非常短鏈結構」的食材，分子極為細小，可以輕鬆通過腸道粘膜。對花生過敏的孩子，就連隔壁小朋友打開花生口味的零食，聞到傳來的味道都有可能致死，建議謹慎為妙！

不過臺灣在小兒科臨床上，對花生過敏的例子其實不多見，因為西方人和東方人先天基因不同，家長可以自行評估。

Q5 幾歲開始才能吃蜂蜜？

A：蜂蜜中可能含有肉毒桿菌素，幾歲可以吃多少蜂蜜則和濃度有關，通常會建議 1 歲前絕對不能食用，一旦食用或吃到被肉毒桿菌素汙染的食材、器具，都有可能引發呼吸道麻痺而死亡。

雖然寶寶 1 歲以上可以安全食用，但 3 歲以前還是以少量、低濃度為原則。

部分家長迷信經過高溫殺菌或烘烤可以殺菌，事實上肉毒桿菌素儘管「菌」被消滅，但已產生的「毒」卻仍會存在，所以蜂蜜蛋糕等烘焙點心最好避免給寶寶吃太多。

另一個有高風險肉毒桿菌的食材，為泡菜等醃漬物，更不建議把醃漬物作為副食品的來源。

新聞指出大骨湯含重金屬，常喝會造成鉛中毒，該不該給孩子喝呢？

A：其實動物體內原不含鉛，囤積在動物骨骼中的鉛，往往都來自於外界的汙染，包含空氣、食物、飼料與水。也就是說，鉛量的高低和飲食汙染程度息息相關。大骨湯含鉛的言論，必須追溯其 2013 年發表的原始研究「The risk of lead contamination in bone broth diets」，其取樣的雞隻並沒有將飲水和飼料汙染的變數納入考量，因此結論也恐失之偏頗。

以自然醫學的角度，選擇產地來源清楚透明、無汙染的肉類，遠比本末倒置地一股腦拒喝大骨湯還來得更重要。

由於寶寶的飲食結構中含有許多硫化物（如牛奶、蛋白質等），容易與微量鉛結合，即使骨頭湯中含有鉛，食用後也會與硫化物結合，隨著糞便一起排出體外。

若是擔心鉛中毒，可以在熬湯時添加一些香菜、大蒜、洋蔥、綠花椰菜、白花椰菜、高麗菜等富含硫化物的食材，小朋友若不是天天喝大量高湯，實在沒有排毒的必要性。

根據美國環境保護署（EPA）的資料，鉛的每日容許攝取量為 0.0036 毫克／公斤／天，每人每日攝入低於此量，則無受毒害之虞。尤其現在牛與豬大概都在 2 ～ 3 年內養成，還來不及將重金屬囤積在骨頭裡就要被宰殺食用，加上幼兒的食量小，以大骨湯當作粥底真的難以過量。

除大骨外，皮、肥肉和內臟也是較容易囤積毒素的部位，這些毒素是指脂溶性的農藥和賀爾蒙，不容易被水沖洗或汆燙而減少。

臺灣地狹人稠加上重工業環境、汽機車排放廢氣的汙染、水質草料的汙染的確比較嚴重，所以購買時還是要睜大眼睛。若無法選擇乾淨的來源，建議減少肥肉、皮及內臟的攝取，使用蔬菜或魚高湯也是很好的替代方案。

鼓勵幼兒可適量食用高湯，並不是著重於大骨湯的單一營養元素「鈣」，大骨湯的鈣的含量比起部分食材或許不高，但組成是最容易為人體所吸收的磷酸鈣。強調單一營養元素並不是自然醫學的價值，畢竟所有的礦物質之間都有許多錯綜複雜的相生相剋關係，例如鈣一多，鎂就會流失；而脂溶性維生素 D 需要有油脂存在才能幫助鈣質吸收，但這又可能流失鉀。

每一種礦物質都是互相合作與對抗的，A 多可能 B 就會少。我們要的是「一整組」的礦物質與維生素，整組一起吸收才是均衡的飲食。

寶寶不喜歡喝牛奶，什麼樣的乳製品最適合補充鈣？

A：有些寶寶抗拒牛奶是因為過敏，你可以觀察到每次孩子喝牛奶就會一直嚴重腹脹打嗝、甚至是吐奶，那麼其他乳製品也都會產生過敏現象。最理想的建議就以骨頭湯來補充鈣質，寶寶大一點之後蔬菜高湯也是很好的選擇。

另一種狀況可能是乳糖不耐症，但 1 歲前是不易被發現的，此階段的孩子本來就無法消化乳糖，通常到 1 ～ 2 歲左右消化乳糖的機制才趨於成熟，若 2 歲後喝牛奶仍會拉肚子，就可能是乳糖不耐症。

這是一種基因缺陷，身體先天無法製造乳糖酶分解消化乳糖，但可以嘗試

部分加工乳製品，如經過發酵的起司或優酪乳（含有幫助分解乳糖的益生菌）等等，杏仁奶、豆奶並沒有太多鈣質，並不是良好的替代品。

嬰幼兒成長階段重心在肌肉與軟骨，鈣質在此時可以幫助細胞聯繫、避免肌肉抽筋、讓心臟跳動穩定。臨床上只有極少數的幼兒真有缺鈣問題，除了佝僂症，所以爸媽們不要過度擔心鈣質攝取不足的問題。

只要開始吃副食品時注意營養均衡，不需刻意著重在補充「鈣質」，而蛋白質、維生素、礦物質、Omega3、脂肪也是很重要的營養元素！

牛奶的鈣質與蛋白質真正會發揮作用，是在需要快速長高、骨頭長硬的青少年發育時期，此時才是孩子補充鈣質的關鍵階段。

Q8 需不需要給孩子額外的營養補充品？例如鈣片、魚油、維他命。

A：一般來說並不建議補充，主因有兩個：

一、小朋友的舌頭很靈敏，會自動挑選攝取所需要的營養素。當大人透過營養補給品將部分營養補滿時，一旦身體發現營養足夠，會自動發出不需要吃的訊號，反而斷絕孩子嘗試其他食物的慾望。

二、錯誤的補充有可能會造成營養不平衡，許多營養素彼此間會有競爭關係，例如補鈣太多，就會少吸收鎂。然而天然食物的好處是，不論植物或動物都已在自然環境中均衡成長為一個形體，整組吃下營養才均衡，這才是落實 Whole Food 的概念，維持飲食無加工或少加工的狀態。

關於鈣質的補充，因寶寶的消化道尚未完全成熟，從牛奶、骨頭湯、小魚乾等蛋白質所吸收的鈣質，比起營養補充品裡面的碳酸鈣更容易吸收。

路易斯安那州立大學的研究人員在 2005 年發現，富含在魚油中的 Omega-3 脂肪酸之一的 DHA，有助於大腦智力發展。市售無論是魚油、海狗油、

魚肝油、磷蝦油等等，都是為了吃到裡面的 Omega3，前提也是適量就好。

Omega-3 唯一的生產來源是低等藻類與苔蘚類，大海中的蝦米、大中小型魚類、蝦、烏賊等等都只是乘載者，生物鏈越上層的海底生物身體中所累積的 Omega3 越濃縮，但有可能汙染也比較多，如果可以買到新鮮野生的鮭魚或鱈魚，就是 Omega-3 的優質來源。像是鯖魚、秋刀魚都有蠻高的 Omega-3（唯一要注意的是臺灣秋刀魚大部分都在港口旁邊，所以汙染比較嚴重），能夠找得到好的野生魚種，就不需要補充人工魚油。

在孩子成長發育中，的確需要維生素 D3，腸胃道才會出現訊號將鈣質往體內搬，而腎臟也能立刻拉回游離的鈣質，鎖住鈣質避免流失。

人體本身可以自行製造 D3，但需經過太陽紫外線的照射才能活化，根據國民健康署建議「每天臉或手部裸露接受溫和的日曬約 10 到 15 分鐘」就可以產生足夠維他命 D3。此外，肉類、海水魚類、蛋、奶、肝臟都含有維他命 D3，是良好的攝取來源，除非戶外活動太少或是飲食偏廢、奶量不足的小孩，否則不需額外補充。

微波爐加熱，不好嗎？

A：事實上，微波爐是非常乾淨的加熱工具，但要用對的容器，以玻璃或陶瓷器皿為佳，且不要覆蓋任何塑膠蓋、保鮮膜。唯一在烹調上要注意的是，因加熱過程容易受熱不均，記得加熱完畢後務必攪拌均勻再餵食。

Q10 寶寶吃什麼才能提升免疫力？

A：在提升免疫力之前，要提醒大家破壞免疫系統的天敵就是「糖」，單醣類（如葡萄糖、果糖）和甜食，不僅會影響人體製造白血球，也影響其活動力，降低身體抵抗疾病的能力。當孩子從小養成吃甜食的習慣，將對免疫系統造成很大的傷害，尤其是細菌型的感冒時，吃糖有助於細菌滋長，相對地感冒復原得更慢。不好的油也會破壞我們的粘膜系統，可從吃油炸物的隔天喉嚨就感到不太舒服得知。

至於食物的轉換，辛香料有助於宣通肺氣，辣椒或許太刺激了，但花椒、胡椒、麻黃對肺功能都很好，促進循環、排出多餘的水氣，可用在預防感冒或感冒後期的收尾，不過正在喉嚨痛、喉嚨發炎就該避免。

對小朋友來說最常見的就是呼吸道感染，像是皰疹病毒、水痘，剛開始都是感冒症狀，我會建議食用甘草來維護粘膜的健康。但當有感冒症狀時，容易積發痰液的食物（如糖、麵粉製品、牛奶、柑橘類、葡萄等很甜的水果）都要暫停，反而這時要吃化痰的水果（如檸檬）。

其實免疫力的健康是身體整體的平衡狀態，不會生病的人，不是真正的健康。真正的健康反而是會生病卻可以很快復原的人，才會拿到戰勝這次病毒的免疫力。「發燒」、「發冷」都是身體自然的體溫調節系統，不太需要害怕生病，不過生病時，糖就別吃了，免疫系統才有能量打仗。

Q11 哪時開始給孩子喝白開水？

A：普遍來說，只要哺乳狀況正常，孩子體內的水分都相當充足，不需要額外補充母乳或配方奶以外的水分。幼兒的腎臟功能要到 1 歲後才會發育完全，1 歲之前若喝太多水，腎臟無法及時排出過多水分，可能導致電解質不平衡，引發腹瀉或食慾不振（喝水喝太飽反而沒有胃口喝奶）。

臨床上少數嬰幼兒因為奶量不足或所屬地區氣候乾旱，有輕微的脫水現象，症狀包含哭泣卻沒有眼淚、嘴唇粘膜是乾的、皮膚乾裂等等，可以用棉花棒沾點開水輕輕擦拭口腔內部、一點點少量的補充水分。

通常開始補充副食品後，因為奶量驟減或是副食品裡面的湯湯水水含量太低，可以視狀況補充水分。至於水量的限制，在自然醫學上偏向「信任孩子的口渴中樞」，體內缺水時孩子自然有想喝水的反應，若是不喝水也不需要勉強，因為他真的不缺水、不口渴。

少數孩子有「不愛喝水」的習慣，多半是因為家長太晚給水，沒有讓孩子養成喝水習慣。建議從嬰兒時期每天晚上睡前都可以使用紗布巾沾白開水替寶寶清潔口腔，除了擦拭清潔的用途，也讓孩子未來比較不會排斥刷牙，還可以讓他習慣開水的味道，一舉數得。

Part 5

第一階段（4～6個月）

組合玩味食物泥

開始挑戰吃副食品的首部曲，十倍粥和各色食物泥是這個階段的任務。建議這時候媽媽要膽大心細、進階式的嘗試不同食材，同時觀察寶寶的接受度與身體反應，彈性調配出不同的食材的營養與絕妙滋味，讓孩子開始體驗進食的樂趣！

具飽足感和天然香氣、甜味的食材，如健脾胃又香甜的南瓜、含蛋白質有飽足感的栗子等，都可有效增進寶寶食欲，值得一試。

4～6 個月的寶寶可以吃食物泥

寶寶 4 個月大時，開始分泌大量口水，表示消化系統已開始分泌消化澱粉的澱粉酶。對食物產生高度興趣、能夠稍具支撐力的半坐臥一段時間、體重是出生時的兩倍等，這都是開始餵食副食品的重要指標。

當寶寶嘗試過幾次 10 倍粥，且食慾與排便都一切正常時，這時候媽媽就可以考慮每三天嘗試一種新食材，濃度則是從近似稀狀液體的 10 倍粥來練習。當嘗試新食材的過程中出現疹子、腹瀉、脹氣、嘔吐、呼吸困難等過敏反應時，必須立即停止該疑似造成過敏的食物，嚴重時須儘速就醫診斷。若寶寶嘗試過多種食材且反應良好時，媽媽就可以考慮將不同的食材組合打成食物泥，變化不同的好滋味。

白米、胚芽米、小米、燕麥對這個階段的寶寶來說，都是具有飽足感又可以補充鐵質的食物來源，而蘋果、香蕉、水梨、地瓜、南瓜、胡蘿蔔因帶有甜味，對於剛開始嘗試副食品的寶寶來說，接受度也很高喔！

POINT！

很多媽媽誤以為開始吃副食品就要開始練習喝水，否則寶寶容易便祕。事實上便祕是「果」，但「因」有很多，身體水量不足未必是造成便祕的元兇。一歲之前的寶寶主食還是奶，不論是母乳還是配方奶，只要飲食正常基本上都不會有缺水的疑慮。

喝母奶的孩子有些一天會排便好幾次，也有一星期才排一次便，只要排便過程不會疼痛哭鬧或糞便中帶有血絲，都不算是真正的便祕。

蛋黃玉米糊

材料

甜玉米……1根
雞蛋……2顆
高湯或母奶、配方奶……約100～150cc

作法

1. 將整顆雞蛋煮熟後剝去蛋殼與蛋白，取蛋黃備用。
2. 將玉米放入電鍋中，外鍋放1～2杯水蒸熟，脫殼取出玉米仁。
3. 將玉米仁、蛋黃倒入果汁機中，加入約100cc的高湯攪打均勻，可酌量再添加50cc高湯調整濃稠度。
4. 最後過篩，去除多餘的玉米皮膜。

POINT！

臺灣小兒科臨床上，有部分幼兒對蛋白易產生敏感的個案，若家裡有類似的病史，可以考慮現階段僅用蛋黃，6個月以上再慢慢嘗試蛋白。

▶玉米脫殼小技巧

1. 以銳利小刀順著一排排玉米粒縱向劃出淺淺刀痕，將玉米皮膜劃破。
2. 放入電鍋，蒸熟後使用湯匙縱向推擠，刮出玉米仁。

馬鈴薯花椰菜泥

材料

中小型馬鈴薯……1顆
綠花椰菜……10朵
高湯……適量
蒜仁……1小瓣

作法

1. 馬鈴薯削皮切丁。花椰菜去莖去梗，取其較嫩的花部。蒜仁磨成泥備用。
2. 將蒜泥與馬鈴薯丁抓拌一下，放入電鍋內鍋，外鍋放1～2杯水蒸至熟軟。

   Tips：可用筷子測試，若可以輕鬆刺穿基本上已蒸熟。
3. 花椰菜放入炒鍋，倒入一點水，以半蒸煮的方式燙熟。
4. 馬鈴薯與花椰菜稍微冷卻後倒入果汁機中，均勻攪打成糊狀，並以高湯調整濃稠度。

菠菜洋蔥蘋果米糊
馬鈴薯花椰菜泥
蛋黃玉米糊

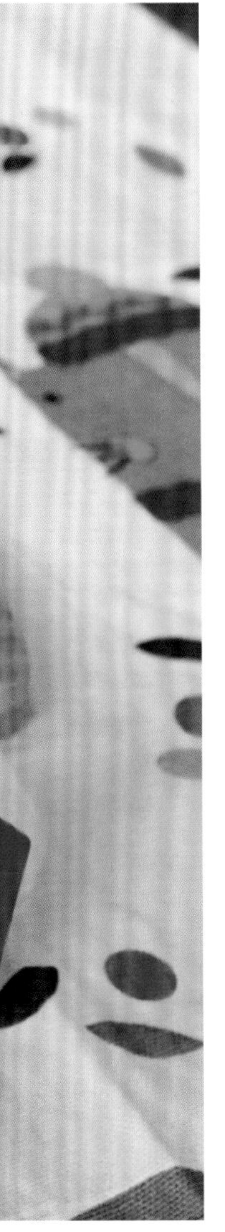

菠菜洋蔥蘋果米糊

材料

- 菠菜（去梗留葉） 約 30g
- 洋蔥 …… 1/4 顆
- 蘋果 …… 1 顆
- 白米或胚芽米 …… 50g
- 高湯 …… 500cc
- 沙拉油 …… 少許

作法

1. 洋蔥切末，蘋果削皮去核切丁。
2. 熱鍋，倒入少許的油，炒香洋蔥至呈半透明熟軟。
3. 原鍋中加入洗淨的白米、高湯與蘋果丁一起熬煮成粥。
4. 最後加入菠菜續煮 2 ～ 3 分鐘，待涼後倒入果汁機，均勻攪打成糊狀。

菠菜汆燙後泡冰水去澀味

菠菜富含礦物質，對於正在發育中的寶寶來說，是很好的鐵質與鈣質來源，同時含有增強免疫系統的維生素 A、抗氧化功能的維生素 C，更有葉酸與 β - 胡蘿蔔素，但因含有大量草酸，吃起來帶點澀味，建議下鍋前可先汆燙 30 秒後泡冰水去澀味，而食譜中的蘋果也有助於中和這個味道，提高寶寶接受度。

蜜桃酪梨米糊
酪梨藍莓芒果泥
水梨蔓越莓果泥
蘋果香蕉燕麥泥

水梨蔓越莓果泥

材料

水梨……………………1 顆
新鮮蔓越莓………100g

作法

1. 將水梨削皮去核並切塊，放入電鍋內鍋中，外鍋放 1 杯水蒸熟，避免變色。
2. 蒸熟的水梨稍微放涼後，與洗淨的蔓越莓一同倒入果汁機，均勻攪拌成泥狀。

▶ 多吃蔓越莓好健康

蔓越莓含有豐富的維生素 A、C 以及銅、錳、鉀等礦物質，以及花青素與類黃酮等抗氧化劑，可增強免疫力、殺死細菌，亦可預防心血管疾病、防止尿道感染，還能保健牙齒健康，好處多多。

蘋果香蕉燕麥泥

材料

熟香蕉……………………1 根
蘋果…………………………2 顆
燕麥片（已泡好或煮好）
……………………………250g
配方奶或母奶………適量

作法

1. 蘋果洗淨後去皮去核備用。
2. 將香蕉與蘋果切塊並放入電鍋內鍋，外鍋放 1 杯水蒸熟，避免變色。
3. 將香蕉、蘋果、燕麥片倒入果汁機攪拌成泥狀，倒入適量配方奶或母奶調整濃稠度。

酪梨藍莓芒果泥

材料

熟酪梨……………………1 顆
藍莓……………………150g
芒果…………………………1 顆
配方奶或母奶………適量

作法

1. 酪梨去皮去核，藍莓洗淨，芒果去皮去核切塊。
2. 將所有食材倒入果汁機攪拌成泥狀，再加入適量配方奶或母奶調整濃稠度。

蜜桃酪梨米糊

材料

熟酪梨………………1/2 顆
水蜜桃……………………2 顆
白米或胚芽米………50g
清水…………………300cc

作法

1. 酪梨、水蜜桃去皮去核。
2. 將白米或胚芽米洗淨，加入清水 300cc 後放入電鍋，外鍋加 2 杯水，待開關跳起後燜 30 分鐘。
3. 待粥降溫後，連同酪梨與水蜜桃一起倒入果汁機，攪拌成泥狀。

南瓜蘿蔔香蕉泥

材料

南瓜……………約 50g
胡蘿蔔……………約 50g
熟香蕉……………1 根
母奶或配方奶………適量

作法

1. 將南瓜、胡蘿蔔去皮切丁後一起放入電鍋內鍋，外鍋放 1 ～ 2 杯水蒸熟。
2. 南瓜丁與胡蘿蔔丁稍微降溫後，連同蒸出來湯汁與香蕉倒入果汁機，攪拌成泥狀，以配方奶或母奶調整濃稠度。

▶ 南瓜性溫味甘好處多

對住在美國的我們來說，只要接近秋天的萬聖節，四處可以見到南瓜燈籠的擺飾，緊接著感恩節也免不了南瓜派這類傳統美食。

南瓜是個人最偏愛的副食品食材，因口味香甜、具飽足感且高纖，不只方便入菜，拿來做點心也很合適，更重要的是營養價值超高，富含維生素、蛋白質、菸鹼酸與礦物質，可以健脾護肝、顧胃又幫助消化、提高免疫力與防癌。中醫上認為南瓜性溫味甘，可以補中益氣、消炎止痛，可謂是好處多多。

栗子南瓜泥

材料

南瓜……約 100g
剝殼栗子……100g
母奶或配方奶……適量

作法

1. 南瓜去皮切丁，與栗子一起放入電鍋內鍋，外鍋放 2 杯水蒸熟。
2. 待涼後，連同蒸出來的湯汁一起倒入果汁機，攪打成均勻的糊狀，再酌量添加母奶或配方奶調整濃稠度。

▶栗子養胃健脾自然甜

製作副食品時，盡量嘗試天然甜味的食材，除了紅蘿蔔、地瓜、香蕉、蘋果等蔬果外，「栗子」也是很棒的選擇，打成食物泥、做成粥或炊飯都有自然甜香，深受孩子喜愛。

在中醫理論上，栗子屬於甘溫無毒、養胃健脾，含有豐富的維生素與礦物質，對健康十分有益。但新鮮栗子剝殼、去皮難度很高，如果買不到已去殼處理的新鮮栗子，可以買煮熟後冷凍的去殼栗子，或是中藥房所販售的去殼乾栗子都可以。若表面仍留有殘餘的皮膜，只要滾水浸泡 3 分鐘趁熱取出，用乾毛巾搓揉即可去膜。

地瓜小米糊

材料

地瓜……約 100g
小米……30g
白米……20g
高湯……500cc

作法

1. 地瓜去皮切丁備用。
2. 將白米與小米洗淨，與地瓜丁和高湯一起倒入鍋中，熬煮成粥狀。
3. 待涼後倒入果汁機中，攪打均勻成糊狀。

Part 6

第二、三階段（7 ～ 9 個月）

咀嚼試探粥與糊

7 ～ 9 個月大寶寶的飲食重點是肉類（雞、牛、豬、羊）以及全蛋，媽媽甚至可以添加少量氣味溫和的乾燥或新鮮香料，如月桂葉、香蒜粉、香草籽等，為寶寶創造更豐富的風味。此時，在食物的形體上也進展到帶有顆粒的粥，濃度也更稠。

7～9 個月的寶寶可以試試帶顆粒的糊與粥

當寶寶對簡單的幾種食物組合都嘗試得不錯時，表示他已經體驗到食物的奧妙之處，此時的寶寶將興致高昂地探索更多不同的可能性。

這個階段的飲食重點是肉類（雞、牛、豬、羊）以及全蛋，媽媽甚至可以添加少量氣味較溫和的乾燥或新鮮香料，創造嶄新的風味，例如月桂葉、香蒜粉、肉桂、八角、香草籽等。而風味較刺激的咖哩粉、薄荷、花椒，則視孩子喜好酌量或延後嘗試。

而寶寶也可以嘗試 7 ～ 8 倍粥差不多濃度的食物泥、糊來進食，再慢慢進入到 5 倍水量帶有顆粒的粥。若是媽媽對於濃稠度拿捏比較有把握，也可以用白飯煮粥，速度相對較快也省事！

這個階段的寶寶，除了白米、胚芽米、燕麥、小米之外，糙米、藜麥與麥製品也可以考慮開始供應！

POINT！

1. 胃口好、長牙與吞嚥進度較快的寶寶，在不影響正餐胃口的前提下，餐間甚至可以提供一些健康小零嘴來練習咀嚼、手眼協調與自我餵食，例如米餅、起司、無糖優格或是新鮮的軟水果丁。
2. 料理的過程中，可依照寶寶月齡與吞嚥能力，使用攪拌棒適度攪打成帶有顆粒感的粥。
3. 6 個月以上、1 歲以下的寶寶若已經開始吃副食品，雖沒有大量喝水的必要，但若是胃口好而使奶量下滑時，是可以少量補充水分，但不建議飲用果汁。另外，在每次進食後，可以鼓勵小朋友喝點水漱漱口，保持口腔清潔的習慣，預防蛀牙。

酪梨馬鈴薯雞肉泥

材料

中小型馬鈴薯……1 顆
雞胸肉……100g
酪梨……1/2 顆
高湯……適量

作法

1. 馬鈴薯削皮切丁，雞胸肉切丁，酪梨去皮去核。
2. 將雞胸肉與馬鈴薯燙熟或蒸熟，放涼備用。
3. 將煮熟的雞胸肉、馬鈴薯與酪梨一起倒入果汁機均勻攪打成糊狀，可適量添加高湯調整濃稠度。

蛋黃雞肝泥

材料

雞蛋……2 顆
雞肝……50g
高湯……適量

作法

1. 將整個雞蛋煮熟後剝去蛋殼與蛋白，取蛋黃備用。
2. 雞肝放入滾水中煮熟，剝除外層薄膜。
3. 將雞肝與蛋黃放入果汁機中，攪打成泥，並適度添加高湯調整濃稠度。

香蒜豬肉白花椰藜麥泥

作法

1. 蒜仁、花椰菜切碎，豬排切丁。
2. 熱鍋，倒入少許沙拉油，小火炒香蒜仁，再放入豬肉拌炒至變色。
3. 放入白花椰菜與香蒜粉一起拌炒均勻。
4. 加入洗淨的藜麥、白米與高湯，熬煮成 7 ～ 8 倍粥，待涼後倒入果汁機，均勻攪打成糊狀。

材料

蒜仁……………… 1 小瓣
去骨豬排……………… 1 片
白花椰菜……………… 80g
藜麥……………… 20g
白米……………… 30g
高湯……………… 450cc
沙拉油……………… 少許
香蒜粉……………… 少許

▶ 適合製作副食品的豬肉部位

★ 前腿肉（又稱胛心肉）：筋膜較多，但油脂較少，所以經常和肥肉一起絞碎成豬絞肉，料理上比較適合當水餃或包子餡、肉餅或肉丸。

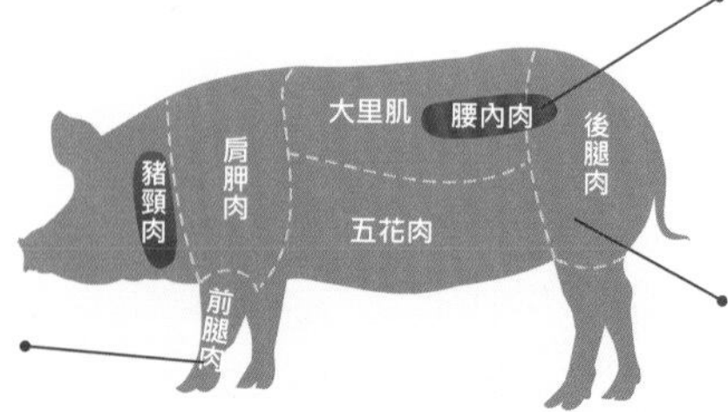

★ 腰內肉（又稱小里肌）、里肌肉：筋膜少，肉質有彈性又軟嫩，肥瘦適中，非常適合用來製作食物泥的部位。

★ 後腿肉：肥肉較少，口感較柴。

咖哩蘋果雞肉菠菜糙米糊

作法

1. 洋蔥切末。雞胸肉切丁。蘋果切皮去核切丁。菠菜洗淨去梗留葉，切小段。
2. 鍋中倒入少許沙拉油，炒香咖哩粉與洋蔥，接著加入雞丁炒至半熟。
3. 加入蘋果丁與洗淨的糙米，拌炒至米心呈半透明狀。
4. 倒入高湯，加蓋熬煮成 8 倍粥狀。
5. 起鍋前放入菠菜葉，煮約 1 分鐘後熄火，放涼後用果汁機打成糊。

材料

- 洋蔥……1/4 顆
- 雞胸肉……100g
- 蘋果……1 顆
- 糙米……50g
- 高湯……400 ～ 450cc
- 菠菜……1 小把（約 20g）
- 沙拉油……少許
- 咖哩粉……少許

義式番茄牛肉南瓜泥

作法

1. 牛番茄、南瓜切丁，洋蔥切末，牛腱或牛腩肉切丁。
2. 熱鍋，倒入少許沙拉油，以小火炒香洋蔥至金黃半透明狀。
3. 加入牛肉炒至變色，再加入牛番茄丁拌炒 3 分鐘。
4. 倒入高湯、南瓜丁與月桂葉，熬煮至南瓜軟爛。
5. 放涼後挑出月桂葉，使用果汁機打成糊狀。

材料

牛番茄……1/2 顆
洋蔥……1/4 顆
南瓜……150g
牛腱或牛腩肉……100g
月桂葉……1 片
高湯……300 ～ 350cc
沙拉油……少許

山藥香菇豬肉粥

材料

山藥……60g
乾香菇……2 朵
豬里肌肉……50g
高湯……400cc
白米……50g
鹽、蔥花和香油 各適量

醃料

鹽……1 小撮
地瓜粉……適量
清水……1 小匙

作法

1. 山藥削皮切丁，香菇泡發切丁，豬里肌肉切絲。
2. 豬肉絲先以 1 小撮鹽與地瓜粉、1 小匙水抓拌醃漬 30 分鐘。
3. 高湯煮滾後放入白米，再次沸騰後將山藥、香菇加入，繼續熬煮約 20 分鐘成粥狀。
4. 最後放入醃好入味的肉絲，煮至沸騰即可關火。
5. 依個人習慣加鹽、香油、蔥花進行調味。

山藥強健免疫力

山藥性平味甘、富含黏液蛋白，有助於補脾胃、利消化，對孩子來說非常營養，體質偏虛弱的孩子應在春夏交替之際多吃山藥來增強免疫力。

但因山藥黏液中帶有皂甙，接觸時容易讓皮膚敏感、產生紅、腫、刺痛的反應，加上黏液很滑，建議料理時戴上橡膠手套，同時避免切傷自己。另外，山藥長時間接觸空氣會變黑，削皮後浸泡在水中可減緩氧化。

紫薯玉米雞肉燕麥粥

作法

1. 紫薯削皮切丁，雞胸肉切絲，碎燕麥粒泡水 2 小時，或是泡到隔夜最好。
2. 玉米依照 P73 步驟，取出玉米仁。
3. 雞肉絲用 1 小撮鹽、1 小匙水和地瓜粉抓拌醃漬 30 分鐘。
4. 將高湯煮滾後加入碎燕麥粒、白米與紫薯，加蓋小火熬煮 15 ～ 30 分鐘至軟爛粥狀。
5. 加入玉米仁與雞肉絲，煮至沸騰、雞肉絲熟透即可關火。

材料

紫薯	50g
甜玉米	1 根
雞胸肉	80g
碎燕麥粒	20g
白米	50g
高湯	500cc

醃料

鹽	1 小撮
地瓜粉	適量
清水	1 小匙

豬肝菠菜粥

材料

豬肝……50g
白米……50g
菠菜……20g
枸杞……10g
高湯……350cc
鹽、米酒和麻油各適量

作法

1. 豬肝切薄片，並用清水反覆沖洗至無血水滲出，瀝乾後再以少許米酒抓拌一下。
2. 菠菜切小段，用滾水汆燙 20 秒。枸杞洗淨泡水。
3. 高湯煮滾後放入白米熬煮成粥狀。
4. 另取一鍋，以少許麻油煸香豬肝片，加入菠菜拌炒 1～2 分鐘熄火。起鍋倒入作法 3 的粥中攪拌均勻。
5. 撒上枸杞，煮至沸騰即可關火。依個人習慣加鹽調味。

羅比媽的美味筆記

豬肝是豬內臟中解毒的器官，難免有毒素留存。但豬肝營養價值極高，富含鐵、磷、卵磷脂，都是幼兒腦部和身體發育的重要營養來源。
豬肝最好趁新鮮料理，料理前先以清水沖洗至表面無血水後，泡在加 2 大匙白醋的清水中 30 分鐘，切片後以流動的清水將滲出的血水洗淨，即可將豬肝中殘存的毒素去除乾淨。
另外，菠菜中的草酸鹽會抑制豬肝中的鐵質吸收，需先以滾水汆燙數十秒再開始料理。

枸杞木瓜粥

材料

白米……………………50g
清水……………………350cc
木瓜肉…………………140g
枸杞……………………10g

作法

1. 木瓜肉以攪拌棒打成泥，枸杞泡軟切碎。
2. 將清水煮滾後，放入白米煮成粥。
3. 倒入木瓜泥與枸杞續煮至沸騰，加蓋轉小火，燉 5 分鐘即可熄火。

▶枸杞全身都是寶

枸杞富含胡蘿蔔素、維生素 A、B1、B2、C 和鈣、鐵等礦物質，是眼睛保健的重要元素，也因此枸杞廣為人知可以養肝明目。此外，枸杞在《神農本草經》中被列為上品，因為可以提高免疫力、抗衰老、抗癌、降三高、補肝腎並增強造血功能。本身性味甘平，拿來入菜可以增添天然甜味，頗受寶寶喜愛，直接當零食也很合適。

Tips 枸杞屬於較上火的食材，正在感冒發燒、拉肚子、發炎時，避免大量食用，以防病情惡化。

洋蔥滑蛋牛肉粥

作法

1. 牛絞肉以 2 小匙醬油抓醃。雞蛋打入碗中，用筷子打散。洋蔥切末。
2. 將高湯煮滾，慢慢加入白飯熬煮成粥。可以先加部分高湯，適濃度逐步添加調整。
3. 另起一鍋，用少許油爆香洋蔥炒至半透明熟軟。
4. 將一半的蛋液倒入牛絞肉中，快速拌勻後倒入作法 3 的鍋中，將牛肉炒至變色。
5. 將作法 4 炒好的食材倒入作法 2 的鍋中，大火煮滾後倒入剩下的雞蛋液，加點鹽與蔥花調味後立刻熄火加蓋，待蛋液燜熟即可。

材料

牛絞肉 100g
雞蛋 .... 2 顆
洋蔥 .... 1/4 顆
高湯 .... 2 碗
白飯 .... 1 碗
鹽、蔥花 .... 各適量
沙拉油 .... 少許

醃料

醬油 .... 2 小匙

番茄高麗菜豆腐粥

作法

1. 高麗菜、洋蔥切碎；豆腐用叉子壓成泥狀。
2. 在番茄底部劃十字，用滾水汆燙 30 秒，取出沖冰水去皮，切小塊。
3. 將高湯煮滾，慢慢加入白飯、番茄與洋蔥熬煮成粥。可以先加部分高湯，視濃度慢慢添加調整。
4. 加入豆腐泥與高麗菜，混合均勻煮至熟軟即可調味、熄火。

材料

高麗菜（取較軟嫩的葉子）……約 70g
番茄……1 顆
洋蔥……1/4 顆
雞蛋豆腐……1/2 盒
高湯……2 碗
白飯……1 碗
鹽……適量

香菇芋頭豬肉粥

作法

1. 芋頭切絲。乾香菇和蝦米泡發切末。西洋芹去除表皮纖維，切丁。
2. 豬絞肉用少許鹽、地瓜粉加水抓醃，備用。
3. 熱鍋，倒入少許沙拉油，爆香蝦米與香菇，加入豬絞肉炒至變色。
4. 繼續加入芋頭絲拌炒至稍軟，倒入洗淨瀝乾的白米、醬油，仔細翻炒 3 ～ 5 分鐘。
5. 倒入高湯、紅蔥酥，大火煮滾後轉小火，加蓋熬煮成粥狀約 20 分鐘，最後加入芹菜丁煮至沸騰熄火，使用鹽與香油調味。

Tips：如果大人要吃的話，可先將一半的芋頭絲留下，起鍋前 10 分鐘再放入，比較吃得出芋頭的口感，還可以添加白胡椒調味哦！

材料

檳榔芋頭……100g
乾香菇……2 朵
蝦米……1 大匙
豬絞肉……80g
紅蔥酥……1 大匙
西洋芹……1 根
白米……100g
高湯……700cc
醬油……1 小匙
鹽、香油……各適量
沙拉油……少許

醃料

鹽……少許
地瓜粉……少許
清水……少許

▶芋頭含氟健齒防蛀牙

在臺灣，芋頭被列名為前五大過敏蔬菜，但芋頭並非一無是處。
芋頭性平味甘，可以補中益氣、助消化，甚至解毒抗癌、提高免疫力。
最妙的是芋頭所含牙膏成分的「氟」，是保健牙齒、預防蛀牙的根莖類蔬菜喔！

南瓜木耳雞蓉粥

材料

南瓜……100g
新鮮木耳……50g
雞里肌肉……70g
高湯……2 碗
胚芽米飯……1 碗
鹽……適量

作法

1. 南瓜去皮切丁，放入電鍋內鍋，外鍋放 1 ～ 2 杯水蒸熟，以叉子壓成泥狀。
2. 木耳使用調理機打碎；雞肉切小塊備用。
3. 將高湯、胚芽米飯、木耳和雞肉塊一起倒入電鍋內鍋，外鍋加 1 杯水，蒸煮至開關跳起後燜 10 分鐘。
4. 放入蒸熟的南瓜泥，攪拌均勻後即可調味。

海帶蘿蔔排骨粥

材料

白蘿蔔……………… 120g
豬肋排…………………5 根
海帶…………………… 100g
高湯……………2 ～ 3 碗
白飯……………………1 碗
薑 ………………………1 片

作法

1. 白蘿蔔去皮切細絲。
2. 海帶洗淨，泡水 30 分鐘，溶出多餘的鹽分後使用攪拌機打碎。
3. 豬肋排以 P201「冷水汆燙」的方式，釋出肉品中的血水等雜質。首先，將肋排洗淨，放入冷水鍋中，開火煮至沸騰後取出，將肋排表面浮沫渣滓沖洗乾淨。
4. 將高湯、白飯、海帶泥、豬肋排、白蘿蔔和薑片一起放入電鍋內鍋，外鍋 2 杯水加蓋蒸煮，開關跳起後燜 10 分鐘。
5. 使用食物剪將排骨上的肉挑下、丟棄骨頭與薑片即可食用。

▶冬季蘿蔔香甜順口

所謂「冬吃蘿蔔夏吃薑、不用醫生開藥方」，這個季節盛產的白蘿蔔吃起來特別香甜順口，不僅增強免疫力，還能促進排便與消除脹氣。

綜合莓果豆漿麥片

作法

1. 香蕉以叉子壓成泥。
2. 豆漿煮滾後，倒入碎燕麥粒，加蓋熬煮 30 分鐘，期間需不時攪拌，避免沾鍋。
3. 開蓋後，倒入冷凍綜合莓果，使用鍋鏟將莓果搗碎至再度沸騰。
4. 熄火，加入香蕉泥，可依個人口味進行調味。

材料

熟香蕉……………………1 根

冷凍綜合莓果……100g

＊藍莓、黑莓、野莓、草莓、覆盆子都可以。

碎燕麥粒……………50g

無糖豆漿……………350g

黑糖或楓糖漿………少許（可不加）

蕎麥紅豆薏仁糊

材料

蕎麥……………………50g
薏仁……………………30g
紅豆……………………70g
清水…800cc ～ 1000cc
黑糖……少許（可不加）

作法

1. 紅豆洗淨泡水 3 小時。
2. 清水煮滾後，倒入蕎麥、薏仁與紅豆，加蓋熬煮 40 ～ 50 分鐘，期間需不時攪拌以免沾鍋。或是全部放入電鍋內鍋，外鍋放 2 杯水蒸煮到開關跳起，續燜 30 分鐘。
3. 待涼後，用果汁機或攪拌棒打成糊狀。

Tips：若需調味，於煮好時趁熱加入少許黑糖，攪拌融化。

▶薏仁你吃對了嗎？

市面的小薏仁、薏米、珍珠薏仁、洋薏仁，其實都是大麥仁，而不是真正的薏仁。薏仁中含有豐富的蛋白質、脂肪、胺基酸以及維生素 B_1，已是公認具有抗癌、降血糖、美容的效果，還能增加小兒抵抗力。以中醫來說有補正氣、利腸胃、消水腫之用。

Point ! 偏涼性的食材，不宜一次攝取過多。

桂圓紅棗黑米粥

材料

- 龍眼乾……………30g
- 黑米……………50g
- 紅棗……………5 粒
- 清水………500 ～ 550cc
- 黑糖……… 少許（可不加）

作法

1. 龍眼乾切碎，紅棗去核切碎。
2. 水煮滾後，倒入黑米、紅棗和龍眼乾，加蓋熬煮 45 ～ 60 分鐘，期間需不時攪拌，避免沾鍋。
3. 若需調味，可在煮好時趁熱加入少許黑糖，攪拌融化。溫熱食用，口感最佳。

▶黑米、紫米都是健康好米

黑米與紫米在外型上很像，有黑色的麩皮及長條狀，嚴格來說兩者都是糙米，但紫米是我們熟知的黑糯米，口感 Q 彈，經常用於製作甜湯、八寶飯等。

而黑米是一種秈米，富含膳食纖維，營養價值勝於白米，也可以和白米一起煮食。黑米富含蛋白質、脂肪、碳水化合物、維生素 B 群、鐵、鈣等礦物質，可滋補強身、預防貧血、促進骨骼與牙齒健康，更重要的是那層紫色麩皮中的「花青素」，不僅能提升免疫力，也對大腦發育、視力、泌尿系統有很大的好處。

《本草綱目》記載：「紫米有滋陰補腎，健脾暖肝，明目活血的作用。」更具有「藥殼」、「藥米」、「黑珍珠」等盛名，流傳至今。

Tips 因糯米對於 1 歲前的寶寶較不易消化，建議不宜多食。

小松菜地瓜麵線

材料

小松菜 ………………… 20g
＊可使用小豆苗取代。

地瓜………………… 1/2 顆

麵線………………… 50g

作法

1. 小松菜洗淨燙熟，以攪拌棒打成泥。
2. 地瓜削皮切塊，放入電鍋內鍋，外鍋放 1 ～ 2 杯蒸熟，使用叉子壓成泥狀。
3. 將麵線放入滾水中，煮熟後撈起，用食物剪剪碎，拌入小松菜泥與地瓜泥。

▶小松菜保健風潮

小松菜又稱日本油菜，被日本料理研究家譽為「吃的保健食品」，含有豐富的 β - 胡蘿蔔素、維生素和礦物質，鈣質和鐵質更是牛奶的 2 倍。

因帶有點苦味，寶寶接受度較低，建議購買冬天的小松菜會比較甘甜好入口，或是混合帶有甜味的食材一起入菜。

Tips 小松菜內的維他命 C 成分很容易被破壞，烹調時間不宜過長，滾水汆燙菜葉 30 秒即可撈起切碎或打泥。

紫蘇竹筍瘦肉粥

材料

紫蘇葉……………………3 片
鮮香菇……………………2 朵
竹筍………………………45g
豬絞肉……………………60g
白飯………………………1 碗
高湯……………1 ～ 1.5 碗
鹽、香油和蔥花各適量

作法

1. 鮮香菇去蒂頭、切末，竹筍切末。
2. 將高湯煮滾後，放入白飯、竹荀、香菇、紫蘇葉一起煮成粥狀。
3. 加入豬絞肉煮熟拌勻即可調味。

▶紫蘇葉解熱趨寒效果佳

紫蘇的運用在中國有 2000 年的歷史，由於香氣豐富，經常作為香料使用。營養價值頗高，富含胡蘿蔔素與維生素，可抗炎殺菌。在中醫上認為紫蘇性溫味辛、入肺脾經，對於解熱驅寒、止咳平喘療效顯著。小兒感冒時不僅可以食用，使用曬乾的紫蘇葉泡澡更對退燒很有幫助。

Part 7

第四階段（10～12個月）

躍上餐桌吃軟飯、軟麵

隨著月齡的增長，從帶顆粒的粥，如今進展到開始吃軟飯、軟麵，燉飯或炊飯都是很好的選擇，儼然是個躍上餐桌一探美食世界的小小大人。

若是家裡對海鮮沒有過敏病史的小朋友，嚐遍了各種山珍，也可以考慮在此階段開始嘗試海味，如蛤蜊、吻仔魚、淡菜等，甚至是切碎或切片的蔬菜以及較酸的水果。調味上，媽媽也可自製天然柴魚粉或柴魚高湯，簡單方便又安心。

10～12個月的寶寶吃「軟飯」、「軟麵」

這時期的寶寶已突破副食品的嘗試期，進階成熟能生巧的小吃貨！

在媽媽引導和帶領下，體驗多種不同食材的風味後，即將進入嘗試更多海鮮、稍具嚼感的麵食，甚至是口味較酸的水果，而副食品的準備上再也不需要打成泥（萬歲！）只要以調理機將食材打碎、或用菜刀切細切碎即可。

還有像是無糖或微糖豆花、布丁或軟質水果丁、煮熟的綜合蔬菜丁、無糖優格、烤吐司條、無糖綜合穀片、無鹽低鈉海苔和無添加水果乾等等，也都很適合當成寶寶的小點心哦！

寶寶滿1歲後，就應具備自己進食的能力，為了達到這個最終目標，現階段可以嘗試在餵食或點心時間時給予寶寶叉子和湯匙，讓他們開始練習抓握並控制力道，用餐具叉舀起食物送進口中。

但媽媽們也要有心理準備，在這個自我進食練習的階段，餐椅、餐桌、衣物、頭髮都可能會弄得一塌糊塗，千萬不要怕弄髒而剝奪寶寶學習的機會，建議在餐椅、餐桌下方鋪好防水墊（或報紙、剪開的大垃圾袋）、選購長袖又有口袋的圍兜、長度大小適中的幼兒餐具，讓孩子們大膽開始練習吃飯吧！

此外，也建議讓寶寶慢慢調整配合家長的飲食作息，進食時間改為早、中、晚三餐，餐間空擋再搭配兩次點心。寶寶這時因食慾旺盛，奶量下滑會更明顯，甚至開始厭奶。媽媽仍依需求哺餵母奶，或將配方奶改為早起、睡前各一次，每天總奶量控制在 480 ～ 500cc，不要低於 300cc。

瓠瓜吻仔魚麵線

材料

吻仔魚……………………25g
瓠瓜……………………50g
麵線……………………30g
薑……………………1 片
高湯……………………70cc

作法

1. 吻仔魚洗淨瀝乾，瓠瓜去皮去籽後刨成絲。
2. 將瓠瓜、薑片、吻仔魚與高湯放入電鍋中，外鍋 2 杯水，蒸熟後丟棄薑片。
3. 起一鍋滾水，放入麵線煮至熟軟，拌入作法 2 的瓠瓜吻仔魚湯中即可食用。

▸ 吻仔魚先洗淨再浸泡

吻仔魚含有豐富的鈣質與蛋白質，對寶寶的牙齒與骨骼發育皆有益處。但許多市售吻仔魚是經過加工的，以至於含鹽量高，所以一定要清洗後浸泡 15 分鐘，再次洗除雜質與鹽分，才能料理。

為了海洋生態平衡，羅比媽並不鼓勵大量吃吻仔魚，這份食譜也可以改用蝦仁或去殼蛤蠣哦！

和風南瓜豬肉炊飯

作法

1. 南瓜皮洗淨切丁，芹菜、蒜仁切末，豬肉切丁。
   Tips：南瓜皮很營養，不需去皮。
2. 香菇泡水軟化切丁，蝦米洗淨後瀝乾水分，米浸泡 15 分鐘，瀝乾備用。
3. 熱鍋，倒入 1 大匙沙拉油，小火爆香蒜末與蝦米後，加入香菇丁、豬肉丁，拌炒至豬肉變色。
4. 加入南瓜丁、油蔥酥、醬油和柴魚粉，與一半的鹽拌炒均勻。
5. 放入瀝乾的白米，翻炒約 5 分鐘至米心呈半透明狀。
6. 將炒好的南瓜豬肉飯倒入電子鍋中，加入高湯，再把剩下一半的鹽加入調味，按下炊飯鍵。
7. 開關跳起後，續燜 10 分鐘。
8. 開蓋，倒入芹菜，用飯匙攪拌均勻即可。

材料

南瓜或奶油瓜……200g
豬里肌肉……150g
乾燥香菇……5 朵
蝦米……1 小撮
芹菜……1 小把
蒜仁……2 瓣
高湯……2.5 杯
＊建議使用昆布高湯 / 柴魚高湯 / 豬骨高湯，如果寶寶需要更軟爛的飯，可以增加到 3 杯。
白米……2 杯
沙拉油……1 大匙

佐料

鹽……1 小匙
醬油……1 大匙
油蔥酥……1 大匙
柴魚調味粉……1/2 小匙
＊參考 P206 作法。（可不加）

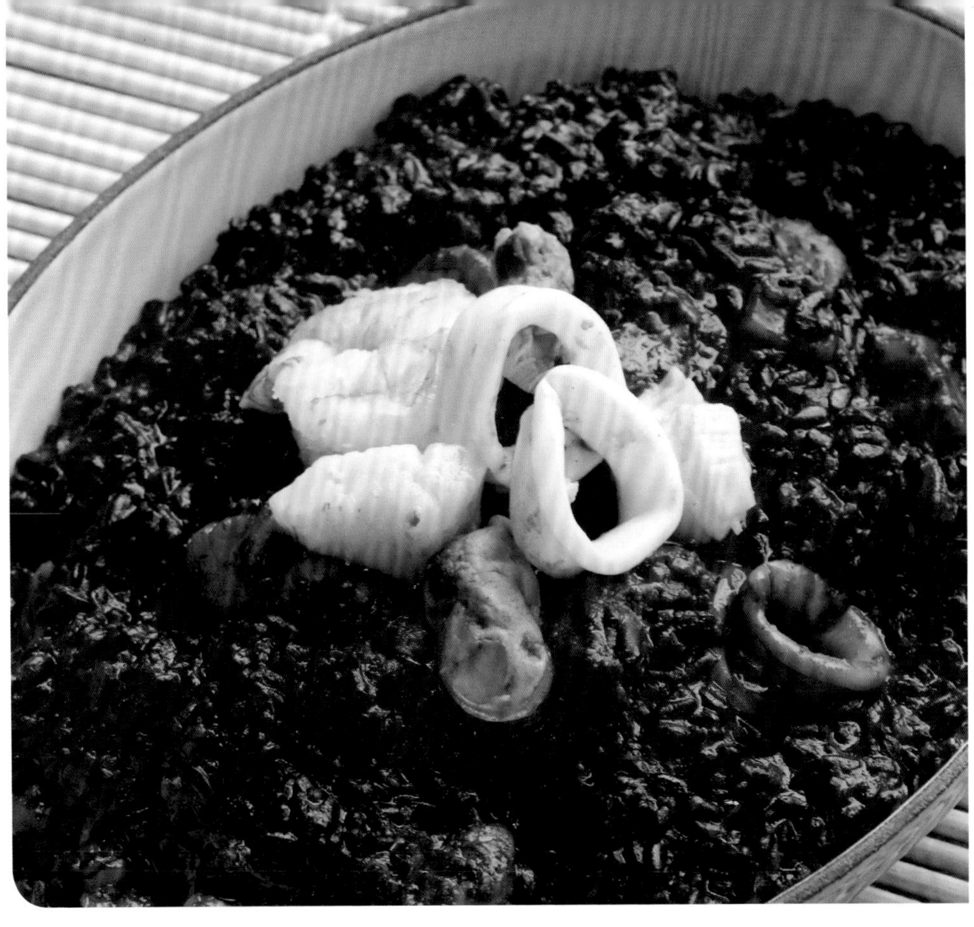

青醬海鮮黑米燉飯

材料

黑米……150g
洋蔥……1/4 顆
蒜仁……2 瓣
月桂葉……1 片
高湯……600cc
綜合海鮮（干貝、蝦仁、透抽、淡菜）……共 200g
橄欖油……1 大匙
青醬……2 大匙
＊參考 P203 作法。

佐料

無鹽奶油……15g
帕瑪森起司粉……10g

作法

1. 黑米洗淨後泡水至隔夜，洋蔥和蒜仁切末，淡菜需先蒸熟去殼。
2. 在鍋中倒入 1 大匙橄欖油，炒香洋蔥與蒜末至熟軟呈半透明狀。
3. 將黑米倒入，拌炒 3 ～ 5 分鐘至水分微乾。
4. 再放進 300cc 高湯與月桂葉，讓米飯慢慢吸飽湯汁後，加入剩下的高湯，調整到自己喜歡的軟硬度。
5. 加入海鮮料、無鹽奶油和起司粉翻炒至熟。
6. 熄火，淋上青醬，用鍋中餘溫迅速拌勻即可起鍋。

時蔬鮮魚炊飯

作法

1. 白米洗淨瀝乾，毛豆洗淨，紅蘿蔔切碎，香菇泡軟切小丁，薑切末備用。
2. 將魚沖洗乾淨，抹上一層薄薄的米酒，用廚房紙巾吸乾表面水分，撒上少許鹽，放入熱鍋中兩面煎熟。
3. 將白米、薑末、香菇丁、蘿蔔、毛豆、高湯和所有佐料放入電子鍋中，鋪上煎好的魚，按下炊飯鍵。
4. 炊飯鍵跳起後，用飯匙將魚肉搗碎，與所有材料拌勻即可。

羅比媽的美味筆記

請避免購買市售的鰹魚調味粉，可以在家中常備天然柴魚粉（就是使用機器將柴魚片打成粉，密封保存）。亦可以將 1 杯份量的柴魚片先浸泡在 3 杯水中，煮開放涼再過濾形成高湯來使用。

材料

白米⋯⋯2 杯
紅蘿蔔⋯⋯100g
毛豆⋯⋯100g
香菇⋯⋯6 朵
薑⋯⋯3 片
沒刺的白肉魚⋯2～3 片
＊我會用鯛魚 / 龍利魚 / 鱈魚。
高湯或清水⋯⋯3 杯
柴魚調味粉⋯⋯2 小匙
＊參考 P206 作法。
沙拉油⋯⋯少許

佐料

薄鹽醬油⋯⋯1 小匙
味醂或米酒⋯⋯2 小匙

奶香南瓜鮭魚燉飯

作法

1. 紅蘿蔔刨絲，南瓜切丁，洋蔥切末。
2. 鮭魚洗淨擦乾，抹上薄鹽，上下鋪 2 片薑（或噴米酒去腥），蒸熟後趁熱壓碎、去皮並挑刺。
3. 取一半的南瓜蒸熟，趁熱以叉子壓成泥，再倒入牛奶攪拌均勻。
4. 鍋中加 1 大匙奶油或沙拉油，小火爆香洋蔥，加入紅蘿蔔絲拌炒均勻。
5. 放入洗淨瀝乾的白米，約炒 5 分鐘直至米心呈半透明狀，倒入一半的高湯與剩下的南瓜丁熬煮至湯汁收乾。
6. 倒入作法 3 的南瓜牛奶糊，熬煮至湯汁濃稠、米飯熟軟。
7. 最後拌入作法 2 的鮭魚並調味即可。

材料

紅蘿蔔……45g
南瓜……100g
洋蔥……25g
白米……50g
鮭魚……100g
高湯……100cc
牛奶或配方奶……100cc
薑……2 片
奶油或沙拉油……1 大匙

佐料

鹽……適量
起司粉……適量

絲瓜蛤蜊炊飯

材料

白米⋯⋯⋯⋯⋯⋯⋯⋯2 杯
蛤蜊⋯⋯⋯⋯⋯⋯⋯ 1 公斤
薑⋯⋯⋯⋯⋯⋯⋯⋯⋯2 片
絲瓜⋯⋯⋯⋯⋯⋯⋯ 1/2 條

佐料

米酒或味醂⋯⋯ 1 大匙

作法

1. 蛤蜊洗淨並浸泡在淡鹽水中約 2～3 小時，使其吐沙。
2. 薑切絲，絲瓜切丁。
3. 取一大碗，放入吐好沙的蛤蜊，淋上米酒，放進電鍋或蒸鍋中。
4. 待蚌殼全開後立刻取出，去殼留蛤蜊肉並取 2 杯量米杯量的湯汁，不足的部分可以添加高湯或清水補足。
5. 白米洗淨瀝乾後，放入電子鍋，倒入蛤蜊肉、蛤蜊高湯、薑絲與絲瓜丁。
6. 按下炊飯鍵，等到鈴聲響後開蓋翻鬆即可。

什錦菇菇麵疙瘩

麵疙瘩

中筋麵粉……80g
冷水……40cc
鹽……1 小撮
沙拉油……1 小匙

湯底

豬肉絲……40g
綜合菇（杏鮑菇、鴻禧菇、舞茸菇）……100g
乾燥黑木耳……10g
紅蘿蔔……30g
乾香菇……1 朵
板豆腐……100g
雞蛋……1 顆
蝦米……1 小撮
薑……1 片
昆布高湯……1000cc
麻油……1 大匙

佐料

柴魚調味粉……1 小匙
＊參考 P206 作法。
鹽……1 小匙
醬油……1 大匙
烏醋……1 小匙
玉米粉水或地瓜粉水（勾芡用）……適量

作法

1. 木耳泡發後去蒂頭、切絲，乾香菇泡軟切絲，蝦米切碎末。
2. 綜合菇切小段，紅蘿蔔和板豆腐切絲，雞蛋打散成蛋液。
3. 將麵疙瘩材料倒入攪拌盆，混合均勻，揉捏 5 分鐘成不黏手的麵團，蓋上保鮮膜醒置 1 小時。
4. 取一鍋子，倒入 1 大匙的麻油，以小火將薑片、香菇、蝦米煸香後，放入豬肉絲拌炒至變色。
5. 依序放入高湯、黑木耳、紅蘿蔔絲，大火煮滾後轉小火燉 15 分鐘。
6. 取出薑片，放入綜合菇類、豆腐與所有佐料，續煮 10 ～ 15 分鐘即完成湯底。
7. 煮麵疙瘩：轉中火，讓鍋中的湯底呈現沸騰狀態，將麵團依照寶寶適口的大小，捏出一小團一小團不規則狀下鍋煮。
8. 輕輕翻動鍋中的麵疙瘩，直至重新沸騰時，迅速將勾芡水倒入鍋中芶薄芡（此步驟可省略）。
9. 再次煮滾後，均勻淋上蛋液，待蛋花浮起後熄火並調味即可。

一口鮮蝦小餛飩

材料

餛飩皮……40片
豬絞肉……150g
高麗菜……100g
鮮蝦仁……100g
薑泥……1小匙
青蔥……1根
香菜……2根
八角……1粒

佐料

香油、鹽、醬油…各適量
＊依個人喜好調味。

作法

1. 餛飩皮以十字對切成4小片（可做150～160個）。
2. 以50cc滾水浸泡八角，涼後取出八角丟棄。
3. 打水：將作法2的八角水慢慢地抓拌在豬絞肉中，同時快速攪拌至水分全部被絞肉吸收且泛白。
4. 使用攪拌機或菜刀將高麗菜、蝦仁、青蔥和香菜全部剁碎，加入薑泥，與絞肉混合均勻後調味。
5. 取1片已切成1/4等分的餛飩皮，填入一小團的肉餡，包覆折起，收口處抹些水黏合。重複此動作將剩下的肉餡包完。
6. 以滾水將餛飩煮熟，或是放進高湯中，一起進電鍋蒸熟亦可。

[餛飩包法]

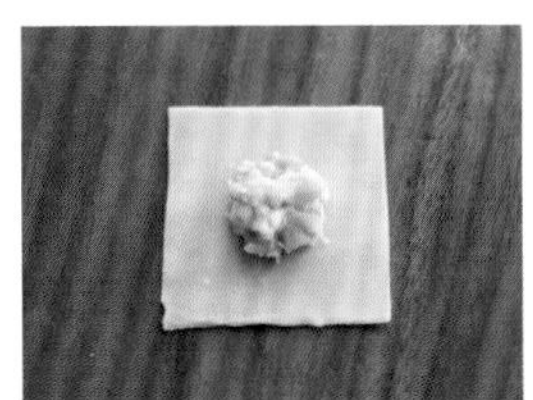

❶將一小團肉餡放在餛飩皮正中央。

❷沿著對角線將餛飩皮對折，邊邊抹上一層水，緊緊捏住餛飩皮包成三角狀。

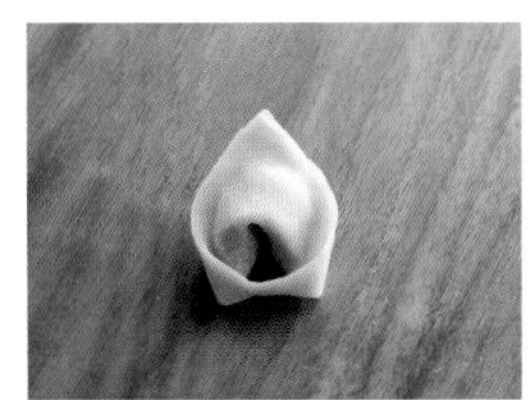

❸將三角形底部的兩角抹一點水，左右黏起即可。

▶ 餡料要微波加熱先試味

1. 若擔心餛飩餡或水餃餡的調味是否適口，可取一小坨餡料放進微波爐，加熱炊熟後試吃。
2. 包好的餛飩可以依序排列在預先撒上麵粉的大烤盤上，彼此間保留一定的空間，避免黏在一起。若不馬上食用，先將整盤放入冷凍庫30～45分鐘，等稍微變硬時，再從烤盤上取出，裝入保鮮袋或保鮮盒中冷凍保存。

番茄鮮魚玉米炊飯

材料

胚芽米……2 杯
中小型番茄……3 顆
（或牛番茄 2 顆）
鯛魚……2 片
洋蔥……1/4 顆
冷凍玉米粒……35g
西洋芹……2 根

佐料

醬油……2 大匙
味醂……1.5 大匙
柴魚高湯……1 杯
鹽或柴魚調味粉……少許
＊參考 P206 作法。

作法

1. 番茄去蒂頭切塊，鯛魚切成塊狀，洋蔥切末，西洋芹切丁。
2. 胚芽米洗淨瀝乾，與番茄塊放入電子鍋內。
3. 將鯛魚塊、洋蔥末、玉米粒及所有佐料加進去，用筷子稍微攪拌。
4. 按下電子鍋炊飯鍵，等到鈴聲響後倒入芹菜丁續燜 10 分鐘。
5. 時間一到，將燜好的食材用木匙趁熱搗碎。

和風鮭魚拌飯

作法

1. 櫛瓜切丁，海苔剪成絲狀。
2. 將雞蛋打散，與味醂、柴魚粉一起拌勻。熱鍋，倒入少許沙拉油，以小火將蛋液炒成蛋鬆狀後熄火。

   Tips：炒成蛋鬆狀的祕訣，就是不斷攪拌才夠碎。
3. 鮭魚抹上薄鹽與米酒去腥並鋪上薑、蔥後，放入鍋中蒸熟。
4. 蒸好後剝除魚皮與皮下脂肪，搗碎魚肉，拌入檸檬汁備用。
5. 在櫛瓜丁撒上 1 小撮鹽抓拌均勻，靜置醃漬 5 分鐘，以冷開水洗去鹽巴，並用手擠乾水分。
6. 將胚芽飯、蛋鬆、鮭魚、白芝麻和櫛瓜丁攪拌均勻，上桌前撒上海苔絲。

材料

鮭魚……1 片（約 150g）
胚芽飯……2 碗
雞蛋……2 顆
櫛瓜……1/3 根
白芝麻……1 小匙
檸檬汁……1 大匙
薑……1 片
青蔥……1 段
海苔……2～3 片
沙拉油……少許

佐料

米酒……1 大匙
鹽……少許
味醂……1 小匙
柴魚調味粉……1 小匙

＊參考 P206 作法。

蘋果肉桂燕麥粥

材料

燕麥粒或燕麥仁 1/2 杯
清水……1.5 杯
蘋果……1/4 顆
楓糖漿……1 大匙
肉桂粉……1/2 小匙
果乾、堅果……共 1 小把

作法

1. 蘋果切丁備用。燕麥仁洗淨，倒入材料內的清水浸至隔夜或是至少 3 小時。
2. 將燕麥仁連同水放入電鍋中，外鍋 2 杯水，蒸到開關跳起。
3. 開蓋，舖上蘋果丁，淋上楓糖漿與肉桂粉，外鍋再倒入 1 杯水續蒸。
4. 開關跳起後攪拌均勻，最後撒上果乾和堅果（或喜歡的水果）即可。

法式雞蛋牛奶土司

材料

雞蛋……2 顆
牛奶……100cc
楓糖漿……1 大匙
肉桂粉……少許
厚片吐司……2 片
無鹽奶油……1 大匙

作法

1. 將雞蛋、牛奶、楓糖漿和肉桂粉放入淺盆中，攪拌均勻成蛋奶液。
2. 將厚片吐司泡入蛋奶液 3～5 分鐘，中間需翻面一次，確定兩面完全吸飽蛋液。
3. 熱平底鍋，放入無鹽奶油至融化呈液狀後，轉小火，放入作法 2 的吐司，將兩面煎成金黃色。

牛肉番茄蔬菜燉飯

作法

1. 牛腱去筋膜切小塊，白米洗淨瀝乾。
2. 牛番茄切丁，洋蔥和紅蘿蔔切碎，花椰菜僅留軟嫩的花部並剝成小朵，蘑菇切片，彩椒切小丁。
3. 熱鍋，倒入少許沙拉油，小火炒香洋蔥至熟軟後，加入牛腱炒至變色。
4. 加入番茄丁、紅蘿蔔、蕎麥與白米拌炒均勻。
5. 倒入高湯稍微翻動，加蓋，以小火燜煮至水分收乾，期間不時開蓋攪拌。
6. 加入蘑菇、彩椒和花椰菜炒熟即可。

材料

- 牛腱……300g
- 牛番茄……1 顆
- 洋蔥……1/4 顆
- 花椰菜……1 顆
- 蘑菇……5 朵
- 彩椒……1/2 顆
- 紅蘿蔔……35g
- 白米……1 杯
- 蕎麥……50g
- 高湯……2 杯
- 沙拉油……少許

羅比媽的美味筆記

這道料理特別百變，怎麼調味都可以變出新花樣。我嘗試過添加咖哩粉、肯瓊香料或匈牙利紅椒粉，味道都特別好！不妨試試看！

鱸魚菠菜豆腐粥

材料

- 鱸魚……1/2 尾
- 菠菜葉……25g
- 雞蛋豆腐……1/2 盒
- 白飯……1 碗
- 高湯……1.5 ～ 2 碗
- 薑……1 片
- 米酒……少許

作法

1. 菠菜葉切末；雞蛋豆腐用叉子壓成泥。
2. 鱸魚抹上薄薄一層米酒，放上薑片入鍋蒸熟，將魚肉仔細挑下。
3. 將高湯煮滾，倒入白飯與豆腐泥，加蓋，熬煮成粥狀。
4. 最後加入魚肉與菠菜翻動數下即可熄火。

雞肉四季豆炊飯

作法

1. 雞蛋打散成蛋液。
2. 雞腿切丁，以蒜泥與少許鹽抓醃 30 分鐘。
3. 熱鍋，倒入少許沙拉油，放入雞腿丁煎至表面稍微泛白，熄火。
4. 四季豆剝除頭尾兩端及側邊老莖，切丁，滾水汆燙 1 分鐘。
5. 將洗淨的胚芽米、高湯和雞腿肉一起放入電子鍋，按下炊飯鍵。
6. 煮好後立刻打開電子鍋，迅速倒入雞蛋液和四季豆丁，蓋上鍋蓋續燜 10 分鐘至蛋液全熟。
7. 開蓋，使用飯勺將所有食材攪勻並調味即可。

材料

去皮去骨雞腿肉約 100g
四季豆……40g
雞蛋……1 顆
胚芽米……1 杯
高湯……1 杯
沙拉油……少許
鹽……適量

醃料

鹽……少許
蒜泥……1 小匙

鮮魚芹菜口袋煎餅

材料

鯛魚 200g
西洋芹 1 根
春捲皮 4 張
麵粉 1 大匙
清水 1 大匙
沙拉油 少許

佐料

地瓜粉 1 大匙
鹽 1/2 小匙
白胡椒粉 少許

作法

1. 將鯛魚和西洋芹切成小塊狀，加入所有佐料，以調理機打成泥狀。若沒有調理機，可用刀剁細後用手抓拌產生粘性。
2. 春捲皮切成約寬 6 ～ 7cm 的長條狀，並將材料中的麵粉和水混勻成麵糊狀。
3. 將長條形的春捲皮展開，舀 1 大匙魚肉泥放在春捲皮尾端（圖 1），再將一角往上包起（圖 2）。接著依同樣的方式持續往上包（圖 3），最後會留下一小截三角形（圖 4）。
4. 在三角形部位均勻抹上作法 2 的麵糊水，包起黏合即可（圖 5），用手指輕壓，使魚肉均勻分布在春捲中。
5. 在平底鍋中倒入少許沙拉油，將口袋煎餅兩面煎到金黃香酥即可食用。

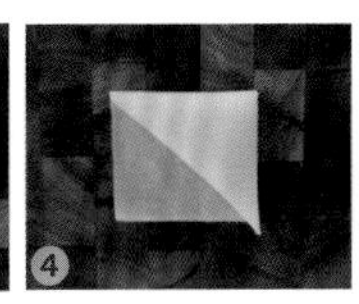

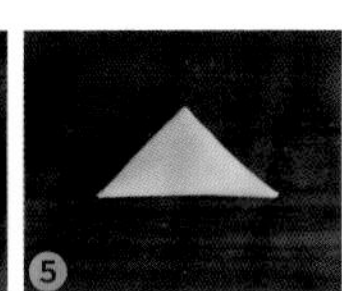

烤香蕉麵包布丁

作法

1. 香蕉用叉子壓成泥狀，吐司切成小方塊。
2. 烤箱預熱至 180°C。
3. 黑糖和牛奶攪拌均勻後，微波 45 秒，使黑糖融化均勻。
4. 將雞蛋打散，與香蕉泥混合拌勻。
5. 將作法 3 的黑糖牛奶與作法 4 的香蕉雞蛋液攪拌均勻成布丁液。
6. 切好的吐司丁放入耐熱烤模，淋上布丁液，撒上果乾，送入預熱好的烤箱，烘烤 20 ～ 40 分鐘，直到蛋液凝固即可取出。

材料

牛奶或配方奶……200cc
香蕉……半根
黑糖……1 大匙
雞蛋……2 顆
葡萄乾或蔓越莓乾 2 大匙
全麥吐司……2 片

Part 8

第五階段（1 歲以上）

小小美食家

進入這個階段首先要恭喜各位爸爸媽媽們「任務達成」，孩子終於可以和「副食品」說再見了！不過，這可不代表滿 1 歲開始就應該大魚大肉、糖果、零食、炸物樣樣來。

當父母是個任重而道遠的工作，雖然可以放輕鬆和孩子一起享用同桌菜餚，同時更代表自己必須以身作則、示範良好餐桌禮儀、實踐健康飲食，才能讓正確的飲食習慣深植孩子心中，讓他們一輩子受惠。

1 歲以上接軌成人食物

1 歲對孩子的飲食習慣只是個「里程碑」，而不是「終點站」，在自然醫學的領域裡，我學習到的是「尊重」並「信任」，孩子是獨一無二的個體，父母可以扮演「把關」的角色，卻不是「權威」與「控制」。

這個階段，寶寶的身體成熟度與耐受性都增加了，父母對於孩子的飲食可以稍微放寬心。孩子偶爾會有想要吃糖果、蛋糕、餅乾的慾望是正常的，父母可以決定要不要給？給多少？哪時候給？甚至自己學著做更好。其最終的目標要教育孩子正確的飲食觀念，並且全家都應落實相同的飲食習慣。如果拒絕讓孩子喝果汁，而父母卻在孩子面前大嗑冰淇淋，這根本是本末倒置的行為。

專家認為父母都應該「相信自己的孩子」，孩子天生就有吃飯的能力，只要父母能夠將「要不要吃」、「要吃多少」這個決定權還給孩子，他們將學會攝取所需的量、學會吃大人吃的食物、學會像大人一樣舉止得宜的用餐，並依照穩定的速度一步步成長。這是人類與生俱來的能力，而父母只要謹守這個原則，孩子終究會好好吃飯（學齡前幼兒約需要 1 星期、3 ～ 5 歲的兒童或許需要 2 ～ 3 週，5 歲以上的小朋友大概需 1 ～ 1 個半月的時間來練習）。

此外，我不鼓勵將甜食當作給孩子的獎勵或安慰，也認為不需要一昧的禁止孩子吃甜食。前者將會讓孩子對甜食產生一種情感上的依賴，長大以後可能會透過吃甜食來尋求心情上的慰藉（情緒化飲食習慣）。而後者則有可能養成孩子對於甜食的「負罪感」或是「渴望情緒」，未來當父母沒有機會控管的年齡則會躲起來偷吃或是食用超量。

孩子滿 1 歲開始，基本上就是和大人同桌用餐的年齡，只要不是細小的魚刺或整根帶骨的棒棒腿、整根玉米、帶殼毛豆……都可以考慮提供給孩子練習手口協調、同時鍛鍊手部肌肉的發展。若是太大塊或難以咀嚼的食材，則可以透過食物剪來處理。

在現階段奶已從「主」變成「輔」，將正式改為早晚或是餐間的飲品，正餐的營養均衡最重要，而飲品沒有規定需要多少量，母奶、全脂牛奶、鮮羊奶、配方奶甚至是五穀豆奶都可以輪流替換讓孩子品嚐，若是孩子不想喝也不需要勉強哦！

麻油雞炊飯

材料

去皮去骨雞腿肉約 200g
乾香菇……2 朵
老薑……3 片
枸杞……1.5 大匙
白米……2 杯
清水……2 杯
麻油……1.5 大匙

佐料

米酒……1 大匙
鹽……少許

作法

1. 雞腿肉切成好入口的小塊狀，乾香菇泡軟後去蒂頭再切絲，枸杞洗淨泡水瀝乾。
2. 使用麻油將薑片煸出香氣，過程中請用小火，避免麻油生出苦味。
3. 放入雞腿肉與香菇絲炒至雞肉上色。
4. 嗆入米酒後，倒入洗淨瀝乾的白米，拌炒均勻至米心呈半透明狀。可是個人口味添加少許鹽調味。
5. 將作法 4 的所有材料倒入電子鍋中，加清水，按下炊飯鍵。
6. 時間一到，立刻開蓋翻鬆米飯，倒入枸杞後續燜 10 分鐘。

海苔豆鬆小飯糰

材料

壽司米……1 杯
海苔素香鬆……60g
＊參考 P207 作法。
美乃滋沙拉醬……75g
＊參考 P202 作法。
壽司海苔（無調味）適量

作法

1. 蒸煮壽司米，通常需要的水分會比較多，因此請遵照包裝上的水量。飯煮熟後，使用飯匙翻鬆米飯，靜置於室溫涼透。
2. 把素豆鬆與美乃滋拌入冷卻的米飯中，用飯匙繼續翻攪均勻。
3. 將拌好的飯捏成好入口的大小，最後將壽司海苔剪成所需大小包起或捲起。

牛蒡蓮藕雜炊飯

作法

1. 蓮藕削皮，切成 0.3cm 薄片，可依照寶寶吞嚥能力，評估是否切丁。紅蘿蔔刨絲。
2. 乾香菇泡軟後去蒂頭切絲，豬里肌肉切絲或切丁，胚芽米洗淨後浸泡 30 分鐘。
3. 豬肉絲以少許蔥花、鹽和玉米粉抓醃 30 分鐘。
4. 熱鍋，倒入少許豬油，以小火炒香豬肉絲至泛白時，加入牛蒡絲、蘿蔔絲、香菇絲、蓮藕片和玉米粒炒勻，熄火。
5. 將米、高湯倒入電鍋內鍋中，加入柴魚醬油、味醂與鹽稍微攪拌，舖上作法 4 炒好的食材。
6. 外鍋倒入 1.5 杯水按下開關，跳起後續燜 15 分鐘後，開蓋拌勻所有食材。

材料

牛蒡絲……25g
蓮藕……100g
紅蘿蔔……30g
乾香菇……2 朵
豬里肌肉……100g
冷凍玉米粒……30g
胚芽米……150g
高湯……180cc
豬油……少許

佐料

柴魚醬油……1/2 大匙
味醂……2 小匙
鹽……1/2 小匙

醃料

蔥花……少許
鹽……少許
玉米粉……少許

▶牛蒡解毒功能一級棒

牛蒡富含膳食纖維，可以改善便秘、增強體質，對於肝臟代謝與解毒功能也頗負盛名，也是眾所皆知能夠降三高（血壓、血脂、血糖）與預防大腸癌的優質食物。

Point！ 牛蒡切絲小祕訣

1. 牛蒡皮很薄，只要使用刀背或湯匙輕刮即可去除。
2. 使用小刀順著牛蒡的線條切入直劃，以約 0.5 公分的間隔完成一圈。
3. 使用刨刀順著前個步驟刀劃的方向刨，出來的成品就是一絲一絲的薄片。

雞肉蘋果咖哩飯

作法

1. 將馬鈴薯、紅蘿蔔和雞腿肉切丁，蘋果打成泥備用。
2. 將雞腿丁以少許鹽與咖哩粉抓拌醃漬 20 分鐘。
3. 熱鍋，加少許沙拉油，放入雞腿丁炒至半熟變色，起鍋備用。
4. 續用原鍋炒香咖哩粉與麵粉成為糊狀，加入洋蔥炒至熟軟。
5. 加入紅蘿蔔丁、馬鈴薯丁拌炒 1～2 分鐘後，倒入高湯、雞腿丁與鹽、蜂蜜、蘋果泥調味，大火煮滾後轉小火續煮 30～40 分鐘至入味，搭配白飯食用。

▶ 咖哩最適合秋冬交替時享用

咖哩所含的薑黃素可以活血行氣、小茴香可以驅寒、肉桂則是補火助陽，都有助於發汗、驅走體內濕氣。體質偏寒或手腳冰涼的小朋友可以在這個季節多吃一些！

材料

馬鈴薯……200g
紅蘿蔔……150g
去皮去骨雞腿肉…300g
蘋果……1/2 顆
（或蘋果泥 100g）
高湯或清水……500cc
洋蔥……1/4 顆
沙拉油……少許

佐料

咖哩粉……1.5 小匙
鹽……1.5 小匙
蜂蜜……1.5 小匙
麵粉……1 大匙

醃料

鹽、咖哩粉……各少許

高麗菜飯

作法

1. 高麗菜切成小片狀，豬里肌肉切絲，紅蘿蔔刨絲。
2. 乾香菇泡軟後去蒂頭切絲，蝦米洗淨泡水後瀝乾。
3. 將少許沙拉油倒入鍋中，以小火炒香蝦米與香菇絲，加入肉絲拌炒至泛白。
4. 再加入紅蘿蔔絲與高麗菜炒至半軟狀。
5. 倒入白米、高湯、油蔥酥，加醬油與鹽攪拌均勻，大火煮滾後轉微火，加蓋燜煮 15 分鐘。
   Tips：每隔 5 分鐘就開蓋翻動一次，避免鍋底結塊。
6. 時間一到，開蓋淋上香油翻動一次，再次加蓋，熄火燜 15 分鐘。

材料

高麗菜……約 200g
豬里肌肉……80g
紅蘿蔔……25g
乾香菇……2 朵
蝦米……1 小把
油蔥酥……2 大匙
白米……2 杯
高湯……2 杯
沙拉油……少許

佐料

醬油……1/2 大匙
香油……1 小匙
鹽……少許

鳳梨鮮蝦肉鬆炒飯

材料

白飯	2 碗
豬肉絲	50g
蝦仁	80g
鳳梨	100g
雞蛋	2 顆
青椒	1/4 顆
洋蔥	30g
香菜末	少許
肉鬆	適量
沙拉油、豬油	各少許

佐料

柴魚醬油	2 小匙
白砂糖	1 小匙
檸檬汁	1 大匙
鹽	少許

醃料

蔥花、鹽	各少許
地瓜粉	少許

作法

1. 白飯需趁熱拌點豬油翻鬆，放置冷卻備用。
2. 蝦仁、鳳梨、青椒和洋蔥各切丁，雞蛋打散成蛋液。
3. 豬肉絲以少許地瓜粉、蔥花、鹽抓醃 15 分鐘。
4. 熱鍋，倒入少許沙拉油，淋入蛋液，炒散成 8 分熟的嫩蛋花後取出備用。
5. 續用原鍋，以小火炒香醃好的肉絲至變色，再放入蝦仁、青椒、洋蔥拌勻至蝦仁熟透泛紅。
6. 倒入放涼的白飯快速翻炒均勻。
7. 最後放入鳳梨、加入作法4炒好的蛋花與柴魚醬油、砂糖和鹽調味拌勻。
8. 熄火，淋上檸檬汁、肉鬆和香菜即可起鍋。

四神炊飯

材料

白米……………………2 杯
乾蓮子…………………40g
薏仁……………………50g
山藥……………………130g
芡實……………………40g
豬骨高湯………………2.5 杯
龍眼乾…………………40g
當歸……………………1 片
（增加風味，可不加）

作法

1. 白米洗淨瀝乾，山藥去皮切丁。
2. 蓮子、芡實、薏仁洗淨瀝乾後，以滾水汆燙 15 分鐘，撈起瀝乾。

   Tips：務必檢查蓮心是否清洗乾淨，若遺留蓮心則可用牙籤再次挑洗。
3. 白米、山藥丁、蓮子、芡實和薏仁一起放入電子鍋，加入高湯、當歸片與龍眼乾，按下炊飯開關。
4. 開關跳起後，燜 15 分鐘即可翻鬆米飯。

白米珍珠丸子

材料

豬絞肉……250g
乾香菇……3 朵
荸薺……3 粒
紅蘿蔔……25g
白米……120 克
青蔥……1 小段
清水或高湯……4 大匙

佐料

醬油……1 小匙
鹽……少許
糖……少許
香油……1/2 小匙
薑泥……1/2 小匙

作法

1. 乾香菇泡軟後擠乾水分，去蒂頭切小塊。白米洗淨後浸泡 30 分鐘。
2. 將豬絞肉放入盆中，倒入 4 大匙的清水或高湯攪拌均勻，用手抓捏甩打，使其產生黏性。
3. 使用果汁機或調理機，將紅蘿蔔、香菇、荸薺、青蔥打碎，倒入作法 2 的豬絞肉及所有調味料攪打至均勻
4. 白米瀝乾，平鋪在盤中。將作法 3 的肉泥取出，捏成適口大小的肉丸，放在白米盤中滾動一圈沾附白米。
5. 將所有做好的珍珠丸放入電鍋中，外鍋加 1 杯水，蒸至開關跳起即可。

▶超好消化的珍珠丸子，用白米來做！

傳統珍珠丸子的作法，是以糯米作為外表的沾裹。但因糯米對孩子的腸胃來說不好消化且易脹氣，建議可用「白米」取代哦！

日式茶碗蒸

材料

滾燙的熱水……180cc
柴魚片……約 1/2 杯
雞蛋……1 顆
鮮蝦……2 尾
新鮮干貝……2 個
魚板……1 片
香菇……1 朵
毛豆、玉米……各適量

佐料

醬油……1 小匙
味醂……1 小匙
鹽……1/4 小匙
糖……1/4 小匙

作法

1. 鮮蝦去殼去泥腸，魚板切絲，香菇泡軟切絲。
2. 柴魚片浸泡在熱水中，靜置待涼後過濾。
3. 雞蛋打散成蛋液後，倒入作法 2 的柴魚高湯和所有佐料，攪拌均勻後使用篩網或紗布巾濾出雜質。
4. 將一半的蛋液倒入耐熱容器中，放入一半的香菇與魚板，且蓋上一張錫箔紙在表面。
5. 放入滾水的蒸鍋中，蓋上鍋蓋（留小縫），大火蒸 10 分鐘。

   Tips：鍋蓋與鍋子中間的縫隙要夠寬，可以插入一根不鏽鋼鍋鏟，大火蒸才不會出現蜂窩狀。如果縫隙不夠大，建議轉小火並拉長蒸製時間，表面才會漂亮。

6. 打開鍋蓋及錫箔紙，放上剩餘的配料，淋上剩下的蛋液，繼續加蓋（留縫）大火蒸 10 ～ 15 分鐘。

   Tips：以分層方式蒸熟配料，才不會全部沉在底下喔！

蔬菜馬鈴薯烘蛋

材料

中型馬鈴薯⋯⋯⋯⋯1 個
（約 500g）

培根⋯⋯⋯⋯⋯⋯⋯2 片
＊可用絞肉替代。

小黃瓜⋯⋯⋯⋯⋯⋯1 根

紅椒⋯⋯⋯⋯⋯⋯⋯1 顆

洋蔥⋯⋯⋯⋯⋯⋯⋯1 顆

雞蛋⋯⋯⋯⋯⋯⋯⋯6 顆

牛奶⋯⋯⋯⋯⋯⋯2 大匙

蘑菇⋯⋯⋯⋯⋯⋯⋯6 朵

佐料

鹽⋯⋯⋯⋯⋯⋯1/2 小匙

奶油⋯⋯⋯⋯⋯⋯3 大匙

起司粉⋯⋯⋯⋯⋯2 大匙

作法

1. 馬鈴薯切成約 0.3 公分的薄片，培根切成碎丁狀，小黃瓜和紅椒切丁，洋蔥切末，雞蛋打散成蛋液。
2. 烤箱預熱至 180°C。
3. 取一個可進烤箱的平底鍋（8 ～ 10 吋），不放油以小火爆香培根丁逼出油脂，加洋蔥續炒至熟軟成半透明狀。
4. 放入小黃瓜、紅椒和蘑菇，翻炒約 1 ～ 2 分鐘即可取出放涼。
5. 續用原鍋，以小火加熱至奶油融化，再放入馬鈴薯片煎炒至金黃熟軟、筷子可穿透的程度，取出。
6. 將蛋液、牛奶、起司粉和鹽攪拌均勻後倒入作法 4 炒好的蔬菜，再次拌勻，最後放進炒熟的馬鈴薯片。
7. 將作法 6 的蔬菜馬鈴薯蛋液倒回平底鍋中，加蓋，用微火慢慢烘烤至鍋圍的蛋液開始變熟，鍋劃可以輕輕掀起的狀態。
8. 將平底鍋連蛋餅一起送入已預熱好的烤箱，以 180°C烘烤至表面金黃。

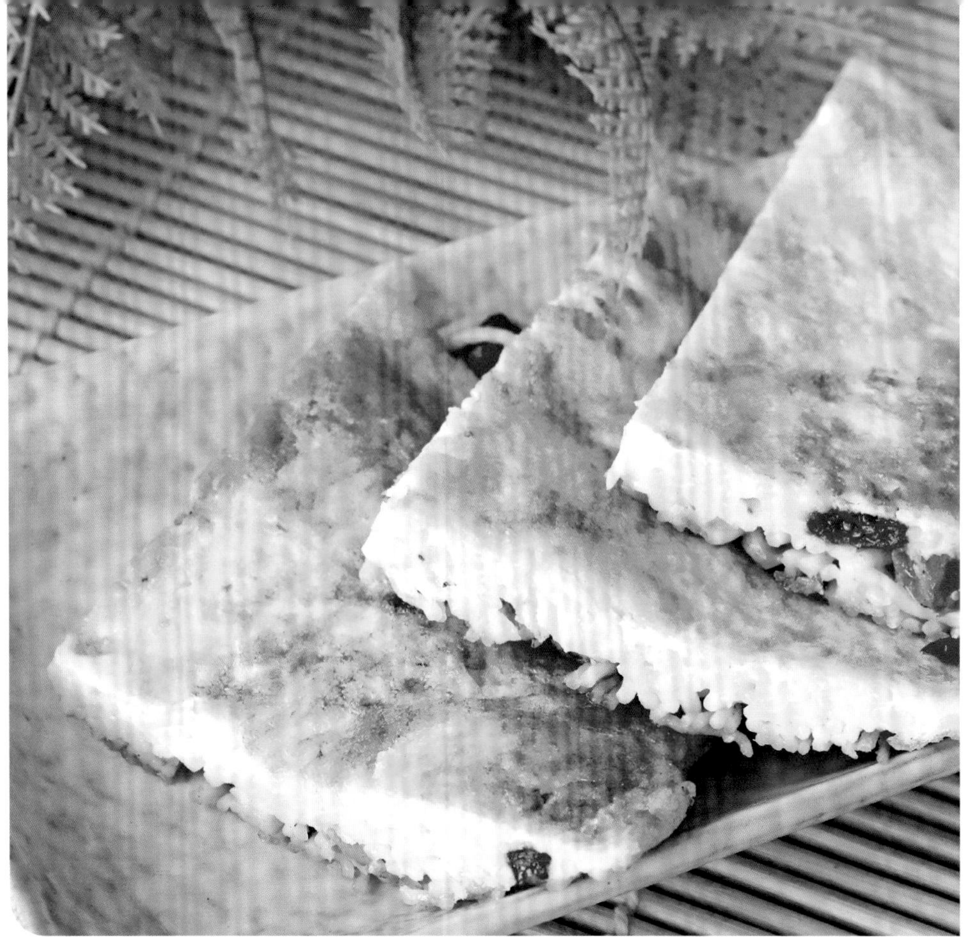

蝦仁蔬菜麵線煎

作法

1. 枸杞洗淨後泡水瀝乾備用。
2. 煮一鍋熱水，放入麵線煮軟後撈起沖冷水，拌上少許麻油（材料份量外），避免沾黏。
3. 在熱鍋中倒入 2 小匙麻油，以小火爆香薑片，放進蝦仁與蔬菜丁拌炒，加鹽調味。
4. 將作法 3 的食材與麵線、枸杞混合均勻。
5. 續用原鍋並將一整顆雞蛋打入，趁蛋液凝固前鋪上麵線。
6. 等蛋液熟後翻面，再將另一面的麵線煎香即可。

材料

麵線……………………1 小把
蝦仁……………………3 尾
冷凍綜合蔬菜丁（玉米、青豆、蘿蔔）……2 大匙
薑………………………1 片
枸杞……………………1 大匙
雞蛋……………………1 顆
麻油……………………2 小匙

佐料

鹽………………………少許

番茄雞肉蛋包飯

炒飯

冷的白飯…300～350g
（約2碗，隔夜飯更好吃）
雞胸肉……180g
紅蘿蔔……100g
洋蔥……1/4顆
蘑菇……5朵
青椒或彩椒……1/2顆
沙拉油……少許

蛋包與醬汁

雞蛋……3顆
牛奶……30cc
番茄……1/2個
番茄醬……75g

佐料

鹽……少許
白胡椒……少許
烏斯特醋……1小匙
蒜泥……1/2小匙
奶油……1大匙

作法

［備料］

1. 雞胸肉切成小塊，紅蘿蔔、洋蔥、青椒或彩椒切碎，蘑菇切片。

［準備醬汁］

1. 番茄與番茄醬一起倒入果汁機打成糊。
2. 加蒜泥、1小匙烏斯特醋，小火加熱至煮滾即可。

［炒雞肉炒飯］

1. 熱鍋，以小火加熱至奶油融化，再放入雞肉塊翻炒至表面泛白。
2. 依序放入紅蘿蔔、洋蔥和蘑菇拌炒均勻。
3. 加鹽與白胡椒調味，完全炒熟後加入青椒，倒入一半的醬汁翻炒均勻。
4. 最後加入白飯拌炒均勻就大功告成了。

［組合蛋包飯］

1. 將雞蛋打散，與牛奶攪拌均勻。
2. 燒熱平底鍋，倒入少許沙拉油並搖晃鍋子，使其均勻分布。
3. 倒入一半的蛋液，小火加熱的同時搖晃鍋子，使蛋液均勻分布在平底鍋中，直到看起來約7～8分熟的狀態、前後滑動鍋子時蛋包可以輕鬆滑動不會粘黏即可。
4. 在蛋皮中央處放入一半的炒飯，把炒飯兩邊的蛋皮用鍋鏟往中間翻，輕壓包住並固定炒飯。

   Tips：初學者可以只放少量的炒飯，較容易成功哦！
5. 將平底鍋整個倒扣，取出蛋包飯，如果形狀欠佳，可以稍微整型，淋上剩下的番茄醬汁。
6. 依照上述作法完成另一份蛋包飯。

義式番茄肉醬麵

作法

1. 蘑菇切片；番茄底部以小刀劃十字，下滾水燙 10 秒後撈起沖冷水，即可輕鬆去皮。
2. 取 2 顆番茄切成丁，剩餘的番茄以果汁機打成糊。
3. 將西洋芹、洋蔥、蒜仁、紅蘿蔔全部切碎，若使用調理機會更省力。
4. 將 1 大匙的橄欖油放入熱鍋中，小火爆香蒜末，加上作法 3 的蔬菜及番茄丁，仔細翻炒 10 分鐘後取出。
5. 續用原鍋將絞肉翻炒至變色，倒入作法 4 的綜合蔬菜與作法 2 的番茄糊拌炒均勻。
6. 加入所有佐料與蘑菇片，小火煨煮 30 ～ 40 分鐘即完成肉醬。若當餐未食用完，則可冷凍保存。
7. 義大利麵依照包裝指示時間，再減 1 分鐘進行烹煮。
8. 鍋中倒入一點沙拉油，放上肉醬與義大利麵，大火拌炒 3 分鐘即完成。

   Tips：這樣做會讓麵條更入味，要省略直接淋上肉醬拌麵也可以哦！

材料

牛番茄……4 顆（約 900 ～ 950g）
牛豬混合絞肉……250g
洋蔥……1/2 顆
西洋芹……150g
紅蘿蔔……100g
蒜仁……2 瓣
蘑菇……5 朵
義大利麵條……適量
＊筆管麵、天使細麵、星星麵、螺旋麵，挑自己喜歡的都可以！
橄欖油……1 大匙
沙拉油……少許

佐料

月桂葉……1 片
鹽……適量
味醂……2 大匙
黑胡椒……少許

▶番茄糊增添濃郁風味

這道食譜的肉醬由新鮮番茄製成，在顏色與風味上會偏清淡，若是偏愛濃郁鮮紅的風味，可添加 3 大匙的罐頭番茄糊。

親子丼

作法

1. 雞腿肉切成適口的小塊狀，洋蔥切細絲，雞蛋打散成蛋液，但不必太均勻。
2. 將少許沙拉油倒入熱鍋中，以小火炒香洋蔥絲至半透明後，加入雞肉塊拌炒至變色。
3. 倒入清水與所有佐料，煮至雞肉全熟。
4. 再均勻倒入蛋液，不翻動並蓋上鍋蓋燜煮至蛋液凝固。
5. 最後將煮好的親子丼裝盛在白飯上。

材料

去骨雞腿肉…………2 塊（約 250 ～ 300g）
洋蔥…………1/2 顆
雞蛋…………4 顆
白飯…………2 ～ 3 碗
清水…………100cc
沙拉油…………少許

佐料

醬油…………50cc
味醂…………2 大匙
糖…………1 小匙

古早味軟 Q 蛋餅

材料

- 中筋麵粉……………… 85g
- 地瓜粉或玉米粉 …… 40g
- 蔥花 1 把（約 20 ～ 30g）
- 冷水……………………200cc
- 雞蛋……………………3 顆
- 牛奶…………………… 30cc

＊可用冷開水取代。

- 鹽 ………………… 1/4 小匙
- 沙拉油 ………………… 少許

作法

1. 將中筋麵粉、地瓜粉、蔥花和冷水全部混合均勻，耐心地把粉塊逐一打散。

   Tips：下鍋前可能會稍微沉澱，記得攪拌喔！

2. 雞蛋打散，與牛奶攪拌均勻，加鹽調味。
3. 在平底鍋上抹上一層薄薄的沙拉油，開小火後倒入 1/3 的麵糊，稍微搖晃傾斜平底鍋，讓麵糊攤平成圓餅狀。
4. 當餅皮四周微微翹起、液狀部分逐漸凝固時，即可輕鬆翻面再煎 2 ～ 3 分鐘。
5. 用鍋鏟稍微將餅皮掀起，在平底鍋中倒入 1/3 的蛋液，迅速地將餅皮覆蓋在蛋液上，輕壓幾下使其密合。
6. 最後翻面捲起，蛋皮包在中間。剩下 2 張餅皮依照作法 3 ～ 6 製作完成。

   Tips：可以依照個人喜好包入玉米、起司、鮪魚或肉鬆變化口味。

吐司披薩

材料

厚片吐司……………2 片
瑪茲瑞拉起司片……6 片
紅醬或青醬………3 大匙
＊參考 P203、204 作法。

配料

聖女小番茄…………2 顆
蘑菇……………………2 朵
冷凍玉米粒………1 大匙
菠菜葉……………1 小把
洋蔥末………………少許
青椒丁……………1 大匙
熟火雞肉……………適量
TIPS：配料可以隨個人喜好添加，但不宜生肉。

作法

1. 烤箱預熱至 190°C。
2. 小番茄切半，蘑菇切片備用。
3. 將醬料分別塗抹在 2 片吐司上，再放 1 片起司片。
4. 依個人喜好鋪上配料，最後放上 2 片起司片。
5. 將吐司披薩送入預熱好的烤箱中，以 190°C烘烤 10 ～ 15 分鐘至起司融化。

▶健康無添加低鈉起司

寶寶 1 歲前，通常不建議喝鮮牛奶或羊奶，主要是牛奶中的蛋白質多半是酪蛋白，分子結構較大，嬰兒的腸胃道較難吸收消化。若真要提供母奶外的乳製品，盡量以「發酵過的優格或起司」為佳。

然而市售起司品質參差不齊，大致分成「加工起司」與「天然起司」，購買前需留意包裝說明，不應含有化學防腐劑或化學添加物，而鈉含量越低越好。

一般來說，天然起司的內容物不外乎是牛奶（或羊奶）、鹽、酵素與菌種，大部分是成塊販售，切片販售時因容易沾黏，多會用烘焙紙隔開，保存期限也較短。

Tips 起司若是買到不會沾黏也不需要隔開的，很有可能是經過化學處理，千萬要注意哦！

墨西哥酪梨雞肉起司煎餅

材料

墨西哥薄餅……………2 片
酪梨……………………1/2 顆
雞胸肉……1 塊（約 80g）
洋蔥末………………1 大匙
玉米粒………………2 大匙
紅醬…………………2 大匙
＊參考 P204 作法。
瑪茲瑞拉起司片或切達起司片……………………4 片
沙拉油………………適量

作法

1. 將酪梨去籽，用湯匙挖出果肉並壓成泥。雞胸肉切成細小塊。
2. 熱鍋，倒入少許沙拉油，小火炒香洋蔥，加入雞肉丁拌炒至變色，再放進玉米粒與紅醬拌勻。
3. 取 1 片薄餅，均勻抹上酪梨泥，並鋪上 2 片撕碎的起司片。
4. 將作法 2 炒好的餡料平鋪在作法 3 的薄餅上，再均勻鋪上剩下 2 片撕碎的起司片，蓋上另一片薄餅壓緊。
5. 取一平底鍋，倒入少許沙拉油熱鍋，放上薄餅，一面煎上色後翻面，兩面呈金黃色即可。

Part 9

喝出最佳營養湯品＆飲品

各式各樣的湯品富含多種營養成分，散發著食材的自然香氣，誘引著寶寶，在飲食上獲得滿足與樂趣。
無論是以高湯變化的雞肝馬鈴薯蘑菇濃湯，或以剩餘的玉米梗熬煮出清甜高湯的雞蓉玉米羹，還是中藥入湯的紅棗竹筍香菇雞湯等，都是大人小孩的最佳湯品。
而除了喝水，枸杞蓮藕汁、自製蘆筍汁等，都遠勝於市面銷售的飲品。

雞蓉玉米羹

材料

雞胸肉……150g
新鮮玉米……3 根
雞蛋……2 顆
牛奶……100cc
高湯……400cc
＊蛤蜊高湯或豬／豬高湯都很合適。

佐料

無鹽奶油……1 大匙（可不加）
鹽、黑胡椒……各適量

醃料

米酒……1 小匙
鹽……1 小撮
薑……3 片
蔥……1 根
地瓜粉……1 小撮

作法

1. 雞蛋打散成蛋液備用。
2. 順著雞胸肉表面的紋路，用刀劃切幾道細紋，再以醃料中的米酒、鹽與地瓜粉稍微抓醃，鋪上蔥、薑後放進電鍋蒸熟。
3. 雞胸肉稍微放涼後，打碎成肉末（蔥、薑取出丟棄）。
4. 使用刨絲工具將玉米刮下來成玉米泥 。
5. 將玉米泥、高湯和牛奶倒入鍋中，小火加熱煮滾，加鹽與胡椒粉調味。最後放進奶油和雞肉末拌勻，轉大火煮滾。
6. 淋上蛋液後熄火，靜待 10 ～ 20 秒後輕輕翻動，利用鍋中餘溫煮成漂亮的蛋花。

Tips：玉米含有澱粉，會自然形成濃稠狀，不需要勾芡喔！

▶自然鮮甜玉米梗高湯

若沒有現成高湯，可將剩下的玉米梗以滾水熬煮 15 分鐘，煮完後取出玉米梗丟棄，剩下的就是自然鮮甜的玉米高湯。

▶海味玉米高湯

若寶寶月齡較大想要升級為「海味版」時，材料可有以下變動建議：

1. 雞蓉可改為新鮮蟹腳肉，蒸熟後用手撥散。
2. 添加 2 把蛤蜊，蒸熟後去殼，將蛤蜊肉連同蒸出來的湯汁一起倒入玉米泥中，取代部分高湯。蛤蜊湯汁有鹹味，可減少鹽的使用量。

雞肝蘑菇馬鈴薯濃湯

材料

雞肝……………………100g
蘑菇……………………160g
洋蔥……………………1/2 顆
洋香菜…………………2 根
馬鈴薯 1/2 顆（約 150g）
高湯……………………350cc
牛奶……………………100cc

佐料

奶油……………………30g
鹽、黑胡椒………各少許

作法

1. 用滾水汆燙雞肝，熟透後剝去外層薄膜，以叉子稍微壓碎。
2. 蘑菇切片，馬鈴薯切丁，洋蔥切末。
3. 熱鍋，放入奶油以小火加熱至融化，倒進洋蔥炒香至半透明狀，再加蘑菇片炒至熟軟。
4. 倒入高湯、牛奶、雞肝泥、洋香菜與馬鈴薯丁，大火煮滾後轉小火熬煮 40 分鐘。
5. 稍微放涼後，以果汁機或攪拌棒打成濃湯，加鹽或黑胡椒調味。

蛤蜊巧達湯

作法

1. 馬鈴薯去皮切丁，洋蔥、紅蘿蔔切末，蛤蜊泡鹽水使其吐沙。
2. 將吐沙好的蛤蜊洗淨，倒入鍋中，加入 250cc 清水將蛤蜊煮開，濾出高湯並將蛤蜊殼肉分離備用。
3. 奶油倒入鍋中，以小火融化後放洋蔥翻炒至金黃透明，再加麵粉續炒至黏稠團狀。
4. 倒入蛤蜊高湯與馬鈴薯丁，小火燉煮 20 分鐘至熟軟，加入紅蘿蔔、玉米粒及牛奶續煮 10 分鐘，濃湯會因麵粉而越煮越濃稠。
5. 最後加入蛤蜊肉，用鹽或胡椒粉調味。

Tips：蛤蜊高湯本身已有鹹度，所以鹽只要少許就好。

材料

帶殼蛤蜊 ············ 600g
馬鈴薯 ················ 350g
洋蔥 ··················· 1/2 顆
新鮮或冷凍玉米粒 ·· 50g
紅蘿蔔 ················· 50g
牛奶 ··················· 250cc
清水 ··················· 250cc
＊可用牛奶取代，依個人口味而定。
麵粉 ··················· 3 大匙

佐料

奶油 ···················· 20g
鹽、黑胡椒 ········ 各少許

鮭魚豆腐味噌湯

材料

鮭魚片……………約 200g
嫩豆腐……………1/2 盒
洋蔥……………1/4 顆
薑……………2 片
蔥花……………適量
高湯……………700cc
柴魚片……………1 小把
味噌……………3 大匙
沙拉油……………少許

作法

1. 洋蔥切末，鮭魚去皮去刺切小塊，豆腐切小塊。
2. 將少許沙拉油倒入鍋中，小火炒香洋蔥。
3. 倒入高湯與薑片煮沸後，加入鮭魚、豆腐後煮滾。
4. 取出少許熱湯和味噌攪拌均勻至融化，再倒回鍋中煮沸後熄火、調味。
5. 最後撒上蔥花和柴魚片。

▶味噌少量添加不傷胃

味噌由大豆與海鹽發酵而來，有增強抗氧化、抗發炎、抗過敏的功能。但值得注意的是，味噌鈉含量比較高，只放少量增添風味即可，避免造成幼兒腎功能的負擔，建議選購有機減鹽的味噌更加無負擔。

清燉番茄牛肉蘿蔔湯

作法

1. 牛肉切小塊後，入滾水鍋汆燙至變色（去血水），取出沖洗。
2. 洋蔥切絲，番茄切塊，紅、白蘿蔔切成適合入口的小塊狀。
3. 開小火，用牛油炒香洋蔥絲，再放入所有材料下鍋熬煮 1 ～ 1.5 小時至牛肉軟爛。

材料

牛腱或牛腩……500g
洋蔥……1/2 顆
牛番茄……2 顆
紅、白蘿蔔……共 300g
蔥……2 根
薑……2 片
高湯……1000cc
米酒……1 大匙
牛油……少許
鹽……少許
八角……1 粒

紅棗竹筍香菇雞湯

材料

帶骨棒棒腿……5根
竹筍……1根
香菇……3朵
紅棗……2顆
清水……1000cc

佐料

薑……2片
鹽……適量

作法

1. 竹筍去皮切丁，香菇洗淨泡水30分鐘。
2. 棒棒腿切塊，依照P201的方式冷水汆燙，去血水與雜質，撈出洗淨備用。
3. 另起一鍋水（約1000cc）煮開，倒入雞腿、筍丁、香菇、薑片與紅棗，大火煮滾後轉小火，加蓋燜煮1～2小時。
4. 依個人喜好添加鹽調味。

▶百果之王紅棗補血氣

紅棗性溫味甘，具有補中益氣、養胃健脾、生津養血之效，是營養價值非常高的上藥，也有百果之王的稱號。富含蛋白質、脂肪與維生素，春季尤其適合多吃紅棗來補氣血、養肝調脾、提高免疫力。

枸杞蓮藕汁

材料

新鮮蓮藕 1 截（約 10cm）
枸杞……………… 1 小把
清水………………600cc

作法

1. 蓮藕洗淨削皮切片。
2. 將蓮藕片、枸杞與清水一起倒入鍋中，大火煮滾後轉小火熬煮 20 ～ 30 分鐘，直到蓮藕水慢慢收乾至一半的水量即可取出蓮藕，放涼後飲用。

▶ 蓮藕強健呼吸道黏膜又助消化

蓮藕富含黏蛋白，是修復、強健呼吸道系統粘膜健康的優良食材，也因富含膳食纖維，可促進腸道蠕動，刺激消化；而其含有多酚等抗氧化物質，對呼吸道過敏、花粉症的小朋友，若長期服用也可以明顯改善喔！

蘆筍汁

材料

蘆筍……………………100g
清水………600～800cc
冰糖……………………適量

作法

1. 蘆筍洗淨，平放在砧板上，以刨刀削成片狀。
   Tips：這個作法是直接取嫩蘆筍部位，也可以使用炒菜前刨下的根部，刷淨後「廢物利用」煮成蘆筍汁。
2. 將清水煮沸，倒入蘆筍片，大火煮滾後轉小火續煮約 20 分鐘，加適量冰糖熄火放涼。

▶蘆筍抗癌防感冒

蘆筍的根與莖部含有天門冬素，可增強機能免疫力、排毒與消除疲勞，更是美國癌症學會公認的抗癌食物。對治咳嗽、防感冒與流感也相當有效。不過，有些孩子不喜歡蘆筍的草根味，此時可添加檸檬汁或水果醋改善風味哦！

水梨甘草蓮藕汁

材料

水梨……………………1 顆
甘草……………………2 片
蓮藕……… 約 10 公分長
清水……………………200cc

作法

1. 水梨去皮去核切塊，蓮藕洗淨去皮切片。
2. 將所有材料倒入電鍋內鍋，外鍋加 1 杯水蒸至開關跳起。
3. 待涼後取出甘草，將剩下的材料倒入果汁機中，打成果汁即可。

▶孩子咳不停，水梨蓮藕汁美味又有效

水梨號稱百果之王，不僅可以潤肺止咳，還能預防咳嗽、提升免疫力。而蓮藕亦可清熱、止咳化痰。這道飲品是兒童咳嗽的食療良方。

紅棗桂圓黑木耳露

材料

新鮮黑木耳100 ～ 150g
清水……………1000cc
龍眼乾……………50g
紅棗……………2 粒
黑糖……………適量

作法

1. 黑木耳洗淨後以清水泡發，去蒂頭再稍微切大塊狀。
2. 將黑木耳、龍眼乾、紅棗、黑糖再加上 700cc 清水倒入鍋中，大火煮滾後加蓋，轉小火熬煮 30 分鐘，倒入剩下的清水，煮滾即可關火。
3. 待涼後撈出紅棗，將剩餘材料倒入果汁機中打成汁。
   Tips：這個配方做出來比較濃稠，也可以自行添加飲用開水或冰塊，稀釋濃稠度。

▶冷熱木耳露皆解便祕

冷熱皆宜的木耳露是幫助腸胃蠕動、消化的好幫手。木耳富含膳食纖維，可以舒解和預防便祕。天寒時可加 1 片薑同煮，撈去後打成汁就是暖心暖胃的飲品。

黃耆枸杞
紅棗養氣茶

材料

黃耆……………………2 片
枸杞…………2～3 小匙
紅棗……………………2 顆
清水…………………600cc

作法

1. 將所有材料倒入電鍋內鍋，外鍋放 2 杯水煮到開關跳起。
2. 放涼後即可濾出飲用。

▶ 免疫力 UPUP 的養氣茶

黃耆具補氣升陽、防衰抗老、增強免疫力之效。紅棗亦可以補氣健脾，經常飲用可達到預防疾病並調養體質、調節自體免疫力。

花生芝麻十穀糙米漿

材料

十穀米	1 杯
帶皮花生	175g
黑芝麻	2 大匙
黑糖	適量
清水	1500cc

作法

1. 將十穀米依照包裝水量說明炊煮成熟飯（成果約是 1 大碗）。
2. 將花生與黑芝麻放入平底鍋中，乾炒 10 分鐘至花生表皮焦香出油（亦可烤箱預熱至 180°C，烘烤 25 ～ 30 分鐘）。
3. 十穀飯、花生、黑芝麻及清水分批倒入果汁機中，打成米漿。
4. 將米漿放入電鍋內鍋，外鍋放 2 杯水煮至開關跳起。
5. 趁熱倒入黑糖調味，攪拌均勻後即可飲用。

香蕉薏仁黑豆漿

材料

- 黑豆……………………100g
- 薏仁……………………35g
- 熟香蕉…………………2 根
- 清水……………………800cc

作法

1. 將黑豆與薏仁洗淨，泡水至隔夜或至少 4 ～ 6 小時。
2. 泡過水的黑豆、薏仁和香蕉，加上 800cc 清水一起倒入果汁機打成豆漿。
3. 將作法 2 的豆漿倒入電鍋內鍋，外鍋放 2 杯水煮至開關跳起。
   Tips：建議在電鍋與鍋蓋中間插一根筷子留空隙，避免沸騰後豆漿溢出。
4. 稍微放涼後，以豆漿濾袋擠出豆漿，濾出豆渣即可飲用。

酪梨奇亞籽香蕉牛奶

材料

- 酪梨……………………1/2 顆
- 香蕉……………………1/2 根
- 奇亞籽…………………1 大匙
- 鮮牛奶…………………200cc
- 蜂蜜……………………1 小匙

＊1 歲以下不可添加蜂蜜。

作法

1. 將所有材料倒入果汁機中，打成漿即可飲用。

百合銀耳蓮子桂圓湯

材料

白木耳……2 朵
百合……20g
蓮子……15 ～ 20 顆
紅棗……5 顆
桂圓……30g
清水……1500 ～ 2000cc
冰糖……適量

作法

1. 白木耳泡發，剪去蒂頭，以調理機打成小碎塊。
2. 用小刀剖開蓮子去芯。
3. 將所有材料（除冰糖外）放入電鍋內鍋，外鍋放 2 杯水，按下開關鍵。
4. 開關跳起後倒入冰糖，外鍋再加 2 杯水煮至開關跳起，續燜 30 分鐘即可。

羅比媽的美味筆記

銀耳又稱白木耳，富含膠質，是眾所皆知的養顏美容、延年益壽聖品。白木耳性平味甘，具有滋陰潤肺、養胃生津、活血、補腦、強心的功效。蓮子可以清心降火、安神強心，特別適合夏季食用。

Part 10

涮嘴停不了！美味巧點心

點心，一直是媽媽們討好寶寶口腹之慾的決勝領域。自製點心時，別忘了慎選好油、好鹽、好糖，每天斤斤計較「減量」不如「重質」來得關鍵！

前面單元已經介紹過如何慎選好鹽、好油，在本單元的點心中，已經設計為「低精緻的白砂糖」的配方之外，也建議媽媽們可以巧用「替代甜味」品在家自行替換，像是椰棕糖、海藻糖、黑糖都是不錯的選項！

奇亞籽麻糬
牛奶甜甜圈

作法

1. 烤箱預熱至 180°C。
2. 將鬆餅粉、糯米粉、砂糖、泡打粉、亞麻籽粉和奇亞籽混合均勻。
3. 加入牛奶，攪拌均勻成粘稠的粉團，直至看不見乾粉的顆粒為止。
4. 將雞蛋打入，混合均勻。
5. 最後加入植物油，混合成光滑無顆粒的麵糊，裝入保鮮袋中並將袋角剪下一小角成為擠花袋。
6. 在甜甜圈模型塗上薄薄一層奶油，倒入麵糊約 8 分滿，送入預熱好的烤箱烘烤 25 分鐘、出爐靜置 5 分鐘即可脫模放涼。

材料

鬆餅粉……200g
＊參考 P193 作法。
糯米粉……150g
雞蛋……3 顆
牛奶……350cc
砂糖……50g
無鋁泡打粉……1/2 小匙
植物油……80g
＊橄欖油、玄米油或葡萄籽油都可以。
亞麻籽粉‥10g（可不加）
奇亞籽……10g（可不加）
奶油……少許

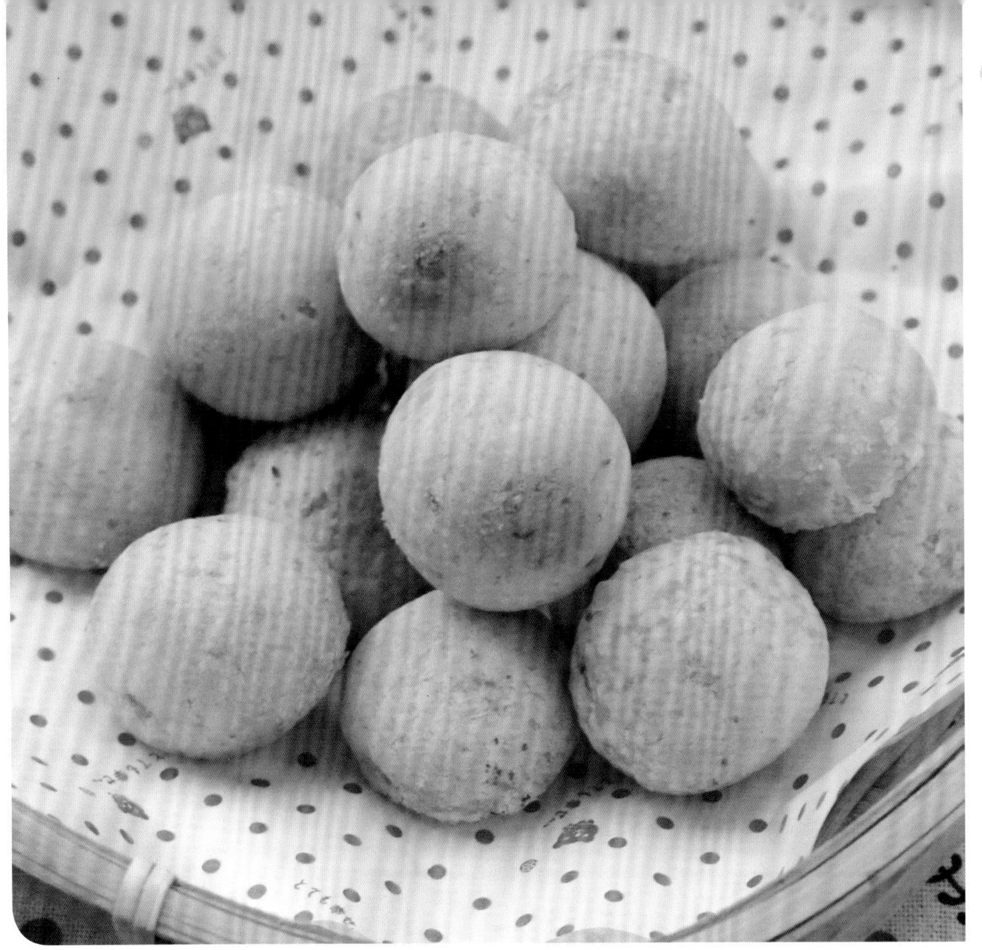

高纖地瓜 QQ 球

材料

地瓜……200g
樹薯粉……80g
＊可使用地瓜粉取代。
砂糖……30g
無鹽奶油……15g

作法

1. 將地瓜切成小塊狀，放入電鍋或蒸籠中蒸至熟軟、筷子能輕鬆刺穿即可。
2. 趁熱取出地瓜，與剩餘所有材料混合均勻，以叉子壓搗成泥狀。
3. 烤箱預熱至 175°C。
4. 將地瓜泥搓成約 1.5 ～ 2cm 的圓球狀，整齊排列入烤盤中。
5. 送入預熱好的烤箱，以 175°C烘烤 15 ～ 20 分鐘後取出。

高纖營養穀物條

作法

1. 烤箱預熱至 190°C。烤盤鋪上烘焙紙。香蕉以叉子壓成泥。
2. 將香蕉泥與所有材料全部混合均勻，倒入烤盤中。
3. 送入預熱好的烤箱中，烘烤 45 分鐘取出，於室溫靜置放涼後用刀切成塊狀或條狀即可食用。

材料

香蕉……………………5 根
牛奶…………………720cc
碎燕麥粒…………… 300g
大燕麥片…………… 420g
亞麻籽粉…………… 65g
奇亞籽 ………………40g
蜂蜜或楓糖漿……… 85g
椰子油 ……………2 大匙
Tips：椰子油很健康且味道很搭，也可以用家裡的好油取代。
花生醬 ……………2 大匙
香草精 ………… 1.5 小匙
＊參考 P192 作法。
鹽 ……………………1 小撮
綜合堅果、果乾類
…………共 150 ～ 200g

燕麥小教室

燕麥營養豐富且營養價值極高，已經被列為一種保健食品，許多營養專家一致認為，燕麥是一種營養素非常完整的全穀類。

燕麥的麩皮富含人體最重要的必需不飽和脂肪酸－亞麻油酸，以及水溶性纖維 - β - 聚葡萄醣，既可降血糖又能降膽固醇、三酸甘油脂，預防糖尿病和心血管疾病。同時又有豐富的維他命 B 群、維他命 E、葉酸、鈣、磷、鋅、鐵、錳等多種礦物質，可以改善血液循環預防貧血、消除疲勞、預防骨質疏鬆症、幫助傷口癒合，非常適合老人、小孩以及孕婦食用（維他命 B 群以及葉酸尤其促進胎兒健康與成長）。

下圖是四種最常見的燕麥呈現，大家可以依需求來做選擇：

★ **全粒燕麥粒：**

用米來做比方，全粒燕麥粒就像糙米，經過最基本的碾製過程把外層的硬殼去掉，保留最精華的麥麩（穀皮）以及胚芽，因此營養價值與膳食纖維的含量最高。

我經常以全粒燕麥粒取代糙米，熱水浸泡後，以 1：1 的比例和白米一起進電鍋炊煮，帶有一點嚼勁與 QQ 的口感，深受家人喜愛。

全粒燕麥粒不論在網路商店、生機飲食店，甚至是大賣場都能見到其蹤跡。

★ **碎燕麥粒：**

而碎燕麥粒和全粒燕麥粒基本上是相同的，差別只在碎燕麥粒經過機器切成碎粒，所以保留最精華的麥麩與胚芽，營養價值和全粒燕麥一樣豐富。也因為切割成碎粒，而可以省去浸泡程序，炊煮的時間相對縮短。

碎燕麥粒在臺灣不容易買到，以全粒燕麥用果汁機／調理機打碎即可。想要做出五星級飯店的燕麥粥一定要選用這種碎燕麥粒，燕麥和水的比例 1：4，煮滾後蓋上鍋蓋，熄火燜一晚，起床後稍微加熱就有好吃的燕麥粥！

★ **大燕麥片：**

用米來舉例，大燕麥片比較像我們熟知的胚芽米，大燕麥片製作的過程，就是以全粒燕麥片經過高溫蒸氣加熱、機器擠壓輾平之後脫水烘乾而成。因為經過高溫蒸氣的製程，所以燕麥片大致也呈現半熟的狀態。

大燕麥片相較前面的兩種燕麥粒，在炊煮上可說是不花什麼功夫。大燕麥片仍保留許多麥麩以及纖維，不過因為經過一些精製的步驟，還是損失部分營養價值。一般來說，在大型超市都很容易取得。

★ **即食燕麥片：**

即食燕麥片就像我們熟知的白米一樣，口感細緻。製程近似於大燕麥片，一樣經過高溫蒸氣以及機器擠壓輾平，不過在脫水烘乾前會再使用機器切碎一次。因為這些加工的過程，讓即食燕麥片呈現碎片狀，只要快煮 1 分鐘甚至是熱水沖泡就可以迅速享用，相對的保留的營養價值就不高。

即食燕麥片在超市、超商中有多種品牌與選擇，快煮的、沖泡的，甚至是各種口味都有。

芋泥牛奶西米露布丁

作法

1. 芋頭蒸熟後，趁熱加進砂糖與奶油，以叉子背面壓成泥。
2. 烤箱預熱至 200°C。
3. 西谷米依包裝說明煮熟至半透明（中心還有小白點），撈起再沖冷水降溫、瀝乾。
4. 將雞蛋與牛奶一起打散後，與芋泥、西谷米攪拌均勻，再倒入布丁模或耐熱烤模中。
5. 烤模下方另放一個大烤盤，盤內注入冷水至烤模1/2 高度，送入烤箱蒸烤 20～25 分鐘至表面金黃。

材料

芋頭……70g
雞蛋……1 顆
西谷米……65g
砂糖……30g
無鹽奶油……15g
牛奶……200cc

簡易豆漿速成豆花

材料

無糖豆漿⋯⋯⋯⋯500cc
吉利丁片⋯⋯⋯⋯⋯3 片

作法

1. 吉利丁片浸泡在冰水 5 ～ 10 分鐘，使其充分軟化。
2. 無糖豆漿倒入鍋中，以小火加熱至微燙的程度（不用煮滾）。
3. 將軟化的吉利丁片用手擠乾，迅速加入豆漿中並攪勻。
4. 將豆漿液裝入容器中，蓋上蓋子，稍微冷卻後放入冰箱冷藏 2 ～ 4 小時，使其完全凝固。

蜂蜜牛奶小發糕

材料

牛奶⋯⋯⋯⋯⋯⋯⋯80cc
無鹽奶油⋯⋯⋯⋯⋯20g
低筋麵粉⋯⋯⋯⋯100g
蛋黃⋯⋯⋯⋯⋯⋯⋯1 顆
香草精⋯⋯⋯⋯⋯⋯2 滴
＊參考 P192 作法。
蜂蜜⋯⋯⋯⋯⋯⋯⋯40g
細砂糖⋯⋯⋯⋯⋯⋯15g
無鋁泡打粉⋯⋯⋯1 小匙

作法

1. 將低筋麵粉、砂糖和泡打粉混合均勻。
2. 依序倒入牛奶、蛋黃、融化成液態的奶油、蜂蜜和香草精攪拌均勻。
3. 在耐熱烤模內側塗抹一層薄薄的奶油，裝入麵糊至 7 ～ 8 分滿。
4. 電鍋中先放入蒸架再放上烤模，外鍋加 2 杯水，按下開關蒸至跳起。

酪梨香蕉冰淇淋

作法

1. 將所有材料倒入果汁機，打成果泥。
2. 將果泥放入冷凍庫 3 小時，每隔 1 小時使用湯匙翻鬆一次。

材料

酪梨……1.5 顆
香蕉……1 根
牛奶……120cc
白砂糖……50g
蜂蜜……2 大匙
＊1 歲以下不可食用蜂蜜。
香草精……1 小匙
＊參考 P192 作法。

家常雞蛋布丁

作法

[焦糖液]

1. 取一個淺色的鍋子，倒入 70g 砂糖，均勻淋上 50cc 冷水。
2. 開中火將砂糖煮至融化沸騰後，轉小火繼續煮成綿密泡沫的糖漿，直到變成琥珀色即可熄火。
   Tips：過程中不可攪拌。
3. 趁熱將焦糖液倒入耐熱布丁模中，稍微搖晃使其均勻分布在底部，放涼後會變硬，備用。

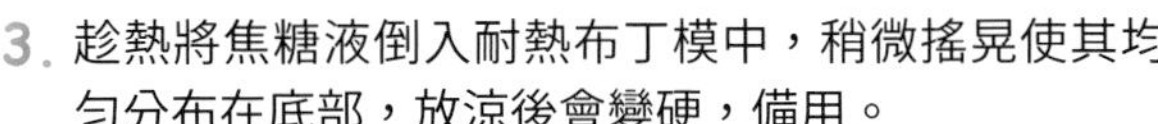

[牛奶布丁液]

1. 將牛奶與 30g 砂糖一起倒入鍋中，小火煮至砂糖融化。
   Tips：若使用香草莢可以取 1/3 根，縱向剖開後刮出香草籽，香草莢、香草籽和牛奶、砂糖同煮，最後撈出香草莢丟棄。
2. 將蛋黃與全蛋一起打散成蛋液。
3. 一邊攪拌作法 1 的牛奶，一邊慢慢沖入蛋液中直到均勻，滴入少許香草精混合。

布丁液

全蛋……1 顆
蛋黃……2 顆
砂糖……30g
牛奶……200cc
香草精……2 滴
＊參考 P192 作法。

焦糖液

砂糖……70g
冷水……50cc

[組裝]

1. 將布丁液的作法 3 蛋奶液以濾網過篩 2 次，裝入焦糖液作法 3 的布丁模中。
2. 布丁模表面覆蓋錫箔紙，放入以蒸架墊高的電鍋中，外鍋 3 杯水、鍋蓋不要密合（橫插 1 根筷子留一小細縫），按下開關直到開關跳起。抽出筷子，蓋緊鍋蓋續燜 10 分鐘。
3. 取出布丁，放涼後置於冰箱冷藏約 4 小時定型。
   Tips：享用時可用小刀沿著容器邊緣劃一圈，以利倒扣脫模。

▶烤布丁小撇步

若使用烤箱製作，可將烤箱預熱至 150℃。將布丁模放入深烤盤中，烤盤注入布丁模一半高度的冷水，蒸烤 45 分鐘。

原味奶酪

材料

牛奶……300cc
吉利丁片……1 片
砂糖……20g

作法

1. 吉利丁片泡入冰塊水中 5 ～ 10 分鐘至軟化。
2. 將牛奶與砂糖混合均勻，放入微波爐加熱 40 ～ 50 秒至微溫偏熱，攪拌到砂糖融化。
   Tips：若未融化均勻，則繼續微波加熱。
3. 取出並擠乾吉利丁片，放入作法 2 的熱牛奶中混合均勻，倒入布丁模中。
4. 待牛奶液冷卻，放入冰箱冷藏 5 ～ 8 小時定型。
5. 搭配喜歡的果醬或水果一起享用。

吉利丁小知識

吉利丁，是一種從動物骨頭或結締組織中提煉出來的半透明、無味膠質，富含蛋白質，屬於天然成分，經常被拿來製作果凍、慕斯，甚至是干貝熊（Gummy Bear）QQ 糖。

市面上買到的吉利丁分成「片狀」和「粉狀」，用量雖然相同（1 片吉利丁片 =2.5g= 吉利丁粉 2.5g），但用法完全不同。

若用來做豆花，記得只能常溫或吃冰的，千萬不能加熱後吃！除吉利丁外，豆漿的濃度也會影響豆花的口感，豆漿偏稀所做出的豆花會更軟嫩，但豆香相對不足；反之，豆漿越濃，豆花則越紮實。

Tips 素食者要當心，吃甜品時看清楚標示，以免吃到含有吉利丁的產品。

豆乳麻糬甜甜圈

作法

1. 烤箱預熱至 180°C。
2. 鬆餅粉、糯米粉、砂糖和泡打粉混合均勻。
3. 加入豆漿攪拌均勻成粘稠的粉團。
4. 打入雞蛋並混合均勻後，倒入植物油拌勻成無顆粒的麵糊。
5. 在甜甜圈模型中塗上薄薄一層奶油，倒入甜甜圈麵糊約 8 分滿。
6. 將麵糊送入烤箱烘烤 25 分鐘，取出後靜置 5 分鐘再倒扣放涼。

Tips：想要加料的話，可以在入爐前把堅果、果乾、巧克力豆均勻撒上哦！

材料

鬆餅粉……………… 200g

＊可參考 P193 作法。

糯米粉……………… 150g

雞蛋……………………3 顆

無糖豆漿…………… 350g

砂糖………………………50g

無鋁泡打粉……1/2 小匙

植物油…………………80g

巧克力豆 100g（可不加）

奶油……………………少許

烤花椰菜爆米花

材料

麵包渣或麵包粉……2 杯
雞蛋……3 顆
白花椰菜……1 顆
鹽……1 小匙

佐料

香蒜粉……1.5 大匙
海苔粉或咖哩粉．1 大匙
（隨個人喜好添加）

作法

1. 烤箱預熱至 180°C。取一個大烤盤，鋪上烘焙紙。
2. 取白花椰菜的花部，用小刀切成一朵朵約爆米花的大小。
3. 將雞蛋打散，每一小朵白花椰菜都均勻沾附蛋液。
4. 將麵包粉、鹽和所有佐料先攪拌均勻，滴落花椰菜上多餘的蛋汁後，再裹上薄薄一層調味麵包粉。
5. 一顆顆白花椰菜間隔地排列在烤盤上，在表面上噴些油，送入烤箱烘烤 45 分鐘至金黃香酥。

紫薯胚芽米薯條

材料

微熱的米飯……100g
紫薯……65g
蛋黃……2 顆
小麥胚芽粉……1 大匙
地瓜粉……1 大匙
清水……50cc

作法

1. 烤箱預熱至 150°C。紫薯切小塊，放入電鍋內鍋，外鍋放 1 ～ 2 杯水蒸熟。
2. 將米飯、紫薯、50cc 清水和蛋黃以攪拌棒打成糊狀，可視黏稠狀添加水分。
3. 倒出米糊，混入小麥胚芽粉與地瓜粉攪拌均勻。
4. 將作法 3 的米糊裝入擠花袋或密封保鮮袋，擠出空氣後在角落剪出一個小角。
5. 烤盤鋪上烘焙紙，將米糊擠成條狀或各種喜愛的形狀，送入烤箱烘烤 25 分鐘，熄火後燜 5 分鐘，再取出放涼。

偽海苔脆烤羽衣甘藍

材料

羽衣甘藍……………適量
海鹽……………………適量
橄欖油…………………適量
白芝麻…………………適量

作法

1. 羽衣甘藍洗淨後，用廚房紙巾吸乾水分並切掉硬梗，撕成大片狀。
2. 羽衣甘藍兩面刷上薄薄一層橄欖油，撒上海鹽與白芝麻，一片片平鋪在鋪好烘焙紙的大烤盤上。
3. 送入預熱 180°C的烤箱中，烘烤 10 ～ 15 分鐘至酥脆。

▶羽衣甘藍超級食物，排毒防癌樣樣行

羽衣甘藍和花椰菜、高麗菜一樣，都屬於十字花科。

富含 β - 胡蘿蔔素，加上葉酸的加持，可以保護眼睛健康。含鈣量比牛奶還高，促進骨骼、牙齒保健。含鐵量更勝菠菜，有效預防貧血。維生素 C 含量比檸檬還高，對於黏膜修復與增進抵抗力也相當有幫助。比糙米還豐富的膳食纖維，促進腸道蠕動、消化排便。

羽衣甘藍有這麼多好處，因此在歐美家長界頗受歡迎，經常用來製作寶寶料理。別小看這一盤墨綠的蔬菜系點心，香脆可口又低鈉少鹽，和市售海苔的口感非常激似唷！

洋芋片／香芋脆片

材料

檳榔芋頭、馬鈴薯、紫薯或地瓜……………1 個
橄欖油 ……………… 適量

作法

1. 馬鈴薯去皮後，切成一片片約 0.1 ～ 0.2cm 薄片。
2. 取一張烘焙紙，依序將削下來的薄片不重疊排列在上。
3. 在馬鈴薯片的表面刷上一層薄油，連同整張烘焙紙放進微波爐，以強火微波 3 ～ 5 分鐘至表面金黃乾脆，取出後放在網架上待涼。

羅比媽小提醒

各家微波爐的火力、食材水分、切工厚薄，都會影響微波時間，建議一開始先以 3 分鐘為基準，每次時間到，檢查一下軟硬程度，表面只要開始變色、乾燥、可以輕鬆夾起的程度即可取出放涼。若仍有濕黏狀況則代表烘烤不足，就以 1 分鐘為單位持續累加、反覆加熱。

酥烤四季豆

材料

四季豆	200g
麵包渣	4 大匙
帕瑪森起司粉	4 大匙
香蒜粉	1/2 小匙
雞蛋	1 顆
牛奶	1 大匙

作法

1. 四季豆洗淨後，剝去頭尾，撕下老莖，用廚房紙巾吸乾水分。
2. 取一個大保鮮盒，倒入牛奶和雞蛋打散，再放入四季豆。蓋上盒蓋，奮力地搖晃，使四季豆均勻沾附蛋液。
3. 將麵包渣、起司粉以及香蒜粉混合均勻，放入四季豆，裹上薄薄的乾粉。
4. 烤箱預熱至 200°C。將四季豆不重疊、均勻排列在網架上，網架下方放置大烤盤，承接掉落的乾粉。
5. 送入烤箱中，烘烤 10 ～ 15 分鐘至金黃香酥。

Tips：可視四季豆大小增加或減少時間。

綜合蔬菜煎餅

材料

馬鈴薯	1 顆（200g）
雞蛋	2 顆
洋蔥	1/8 顆
紅蘿蔔	50g
高麗菜	50g
麵粉	1 大匙
鹽	少許

作法

1. 馬鈴薯削皮，放入電鍋內鍋，外鍋放 1 ～ 2 杯水中蒸熟，壓成泥。
2. 將洋蔥、紅蘿蔔和高麗菜切碎。
3. 拌勻所有材料，挖出一團團麵糊放在平底鍋上，以少許油煎至兩面金黃。

高鈣芝麻脆煎餅

材料

- 黑芝麻……2 大匙
- 蛋白……2 個
- 砂糖……1 大匙
- 無鹽奶油（已融化）……1 大匙
- 低筋麵粉……1 大匙

作法

1. 烤箱預熱至 150°C。
2. 蛋白與砂糖混合均勻，拌入低筋麵粉與無鹽奶油，最後加入黑芝麻混合均勻，封上保鮮膜放入冰箱冷藏 30 分鐘，增加黏度。
3. 大烤盤鋪上烘焙紙，以大量匙依序舀出麵糊間隔放在烘焙紙。
4. 送入烤箱烘烤 20 ～ 25 分鐘至金黃色，取出後放在網架上待涼。

茶葉蛋

材料

- 水煮蛋……8 顆
- 紅茶包……3 ～ 5 包
- 水……1000cc
- 鹽……2 小匙
- 醬油……50cc
- 滷包……1 個
- 八角……2 粒
- 冰糖……50g
- 薑……1 小塊

作法

1. 將水煮蛋的外殼稍微敲裂，與剩餘所有材料一起入鍋，加蓋小火煮 30 分鐘。
2. 倒入電鍋中，外鍋 1 杯水煮至開關跳起，持續保溫浸泡 3 小時或隔夜。

烤箱炸雞塊

材料

早餐玉米穀片……40g
雞絞肉……200g
水……30cc
鹽……少許
香蒜粉……1/2 小匙
黑胡椒……少許
現磨帕瑪森起司粉……2 大匙
沙拉油……少許

作法

1. 以調理機將早餐玉米穀片打碎，均勻混合起司粉。
2. 將雞絞肉與鹽、香蒜粉、黑胡椒粉攪拌均勻，分 2～3 次慢慢地把水揉進肉中。
3. 預熱烤箱至 190°C。大烤盤鋪上一張烘焙紙。
4. 手掌心抹些沙拉油，以湯匙舀出一團團的雞肉泥，以手塑型為餅狀，均勻沾裹作法 1 的穀片渣，間隔整齊地排列在烤盤上。
5. 送入烤箱烘烤 15～20 分鐘即可，期間可翻面一次。

法式鮭魚慕斯

作法

1. 鮭魚洗淨擦乾，仔細檢查魚刺是否除淨後，鋪上 2 個蔥段和薑片，放入水已煮滾的蒸鍋中，以大火蒸熟約 10 分鐘。
2. 將蒸熟的鮭魚去皮，與西洋芹、奶油乳酪、剩下的蔥段、所有佐料，以調理機或攪拌棒打成泥狀。
3. 可用來塗抹麵包、夾餅乾，或以蘋果、蔬菜棒沾來吃哦！

材料

鮭魚……350g
蔥……1 根（切 3 段）
薑……2～3 片
西洋芹……50g
奶油乳酪……70g

佐料

檸檬汁……2 小匙
鹽……1/4 小匙
黑胡椒粉……適量

一口蛋黃小饅頭

材料

蛋黃……2 顆
玉米粉……60g
砂糖……1 大匙
酪梨油……1 大匙
＊其他液體植物油也可以。
奶粉……2 大匙
香草精……幾滴
＊參考 P192 作法。

作法

1. 烤箱預熱至 180°C。
2. 將蛋黃與酪梨油拌勻，倒入砂糖混合均勻。
3. 倒入玉米粉、香草精和奶粉，以橡皮刮刀按壓成不黏手的麵團。
4. 將麵團搓揉成細長條形，使用小刀切成小團狀（每團約 3g），最後將小麵團搓成圓球狀。
5. 烤盤鋪上烘焙紙，依序將小麵團間隔排列整齊，表面噴些水，送入烤箱烘烤 10 分鐘即可取出放涼。

全麥海苔燕麥脆餅

材料

低筋麵粉……………… 50g
全麥麵粉……………… 55g
融化的無鹽奶油…… 50g
白砂糖………………… 50g
燕麥片………………… 15g
蛋白……………………2 個
海苔粉……1 大匙（2g）
香草精…………1/2 小匙
＊參考 P192 作法。

作法

1. 烤箱預熱至 180°C。烤盤鋪上烘焙紙。
2. 將蛋白與砂糖攪拌均勻，倒入低筋麵粉、全麥麵粉、燕麥片與海苔粉，以刮刀慢慢混合均勻所有材料。
3. 倒入無鹽奶油與香草精拌勻，最後將麵糊裝入擠花袋或塑膠袋中，角落剪去一小角。
4. 在烤盤上，間隔整齊地擠出一團團約直徑 2cm 的麵糊，手指沾點水將表面抹平整。
5. 送入烤箱中，烘烤 15 ～ 20 分鐘後取出，放在網架上待涼。

綠豆沙牛奶冰棒

材料

綠豆……100g
清水……200cc
牛奶……100cc
白砂糖……30g

作法

1. 綠豆洗淨後加 200cc 清水，與砂糖一起放入電鍋中，外鍋加 5 杯水煮至綠豆殼裂開熟軟。
2. 待涼後，和牛奶一起放入果汁機打成綠豆沙。
3. 將綠豆沙牛奶裝入冰棒模中，冷凍 3 小時或冰隔夜成冰棒。

▶煮食綠豆清熱解毒又止渴

綠豆性寒味甘，《本草綱目》有記載：「煮食綠豆可消腫下氣，清熱解毒，止渴，調和五臟，安精神，補元氣，潤皮膚；綠豆粉解諸熱，解毒藥，治瘡腫，療燙傷。」夏天吃綠豆對於消水腫、清暑熱特別好。

芋圓／地瓜圓

材料

去皮地瓜或芋頭 …… 200g
細砂糖 …… 20g
蓮藕粉 …… 100g

作法

1. 將芋頭或地瓜蒸熟，趁熱混入砂糖壓成泥狀，再立刻倒入蓮藕粉混合成不黏手團狀。

   Tips：芋泥、地瓜泥一定要熱，加入蓮藕粉時才能輕易成團。每批芋頭和地瓜含水量略有不同，可視手感自行添加水或粉。

2. 將麵團搓揉成長條形，再分切成小塊狀。撒上更多的蓮藕粉抓一下，使其均勻沾附在每顆湯圓上。
3. 將完成的湯圓以不重疊方式平放在盤中，冷凍 30 分鐘稍微變硬，再裝入保鮮袋或保鮮盒，避免沾黏。
4. 起一鍋滾水，放入湯圓煮至浮起膨脹狀即可撈起，搭配甜湯一起食用。

羅比媽的美味筆記

蓮藕粉成色不如樹薯粉或糯米粉潔白，製作出來的圓仔顏色自然少了鮮明的色彩，但營養價值卻勝出好幾籌！

黑糖蓮藕涼粿

材料

- 蓮藕粉……………150g
- 黑糖………………80g
- 清水………………420g
- 黃豆粉……20g（可不加）
- 沙拉油……………少許

作法

1. 將黑糖與水混合均勻，放進微波爐以小火加熱 2 分鐘至黑糖全部溶解。

   Tips：若未完全溶解，可以繼續微波加熱。

2. 取一個小鍋，倒入蓮藕粉與黑糖水攪拌均勻，開小火不斷攪拌至濃稠狀（不會流動）。
3. 取一個方形容器，裡面抹上一層薄薄的沙拉油，再將作法 2 的蓮藕粉糊倒入並整平表面
4. 將容器放入電鍋中，外鍋 1 杯水按下開關鍵，待開關跳起後續燜 10 分鐘。
5. 待室溫稍微放涼後，放入冰箱冷藏 1～2 小時取出，切成適口大小，裹一圈黃豆粉即可食用

羅比媽的美味筆記

1. 作法 2 若不小心煮得太黏稠，只是裝盒時會比較困難，但不影響口感，也不會失敗！
2. 若沒有黃豆粉，也可以直接吃冰冰涼涼的原味。
3. 這道口感彈 Q 的點心，務必等到孩子咀嚼能力較強時再提供。
4. 做完後盡量當天吃完，放太久會逐漸變得乾硬。

蒸香蕉杯子蛋糕

材料

牛奶……………………30cc
無鹽奶油………………30g
鬆餅粉…………………70g
＊參考 P193 作法。
雞蛋……………………1 顆
香蕉……………………65g
細砂糖…………1.5 大匙

作法

1. 香蕉壓成泥狀；無鹽奶油用微波爐加熱 10 ～ 15 秒融化成液狀。
2. 雞蛋打散後，依序加入砂糖、奶油、牛奶與香蕉泥攪拌均勻。
3. 加入鬆餅粉，攪拌均勻成無顆粒的麵糊。
4. 杯子蛋糕烤模內部鋪上紙模，倒入麵糊至 7 ～ 8 分滿。
5. 電鍋內放上蒸架，再放上蛋糕模，外鍋加 1.5 杯水，按下開關等待跳起即可。

▶香蕉飽足香甜防便祕

香蕉性寒味甘，夏天吃最適合，不僅清熱解毒、促進腸胃蠕動外，還能預防便秘，加上具有飽足感又充滿香甜的味道，是寶寶接受度非常高的一種水果。

Point！ 根據 2017 年調查，香蕉高居過敏水果前 5 名，若是家中小朋友有過敏體質，應要謹慎給予。

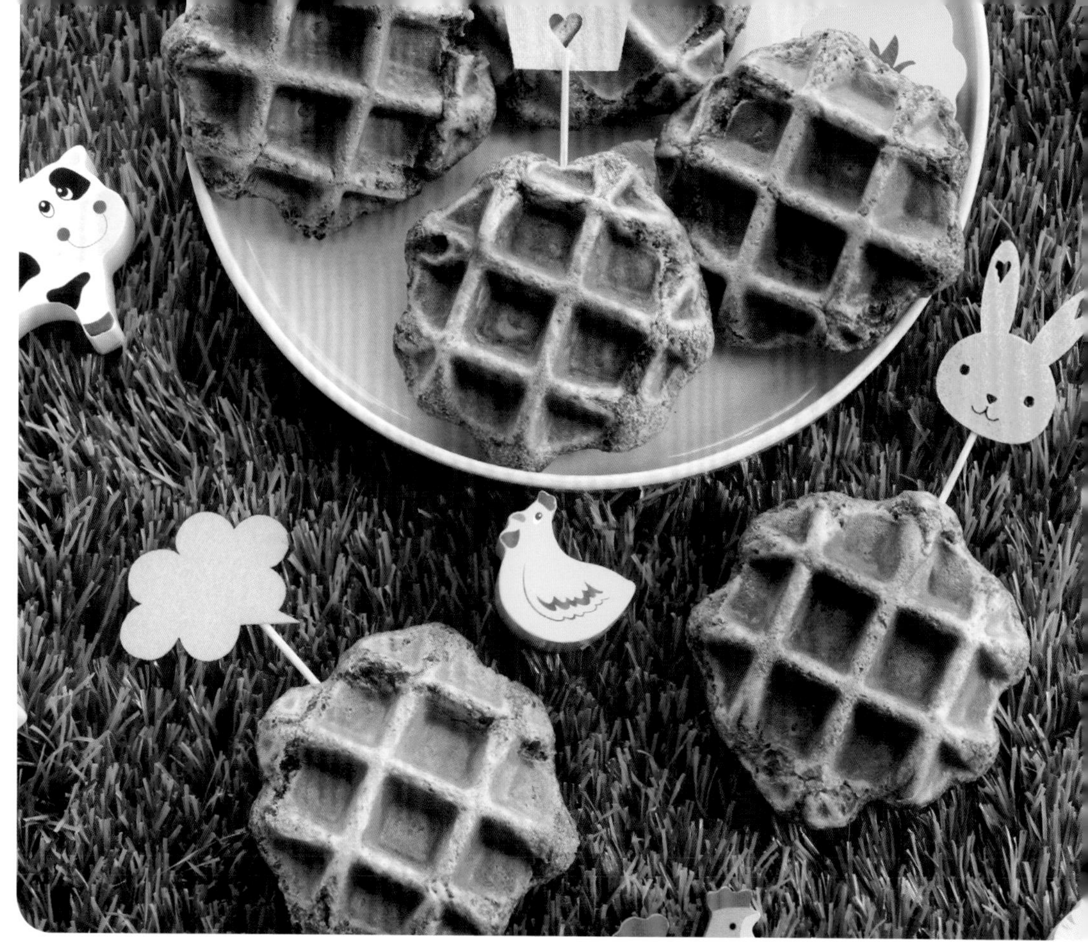

紫薯麻糬Q餅

材料

紫薯⋯⋯⋯⋯⋯⋯⋯⋯200g
樹薯粉⋯⋯⋯⋯⋯⋯⋯100g
煉乳⋯⋯⋯⋯⋯⋯⋯⋯⋯70g
牛奶⋯⋯⋯⋯⋯⋯⋯⋯⋯60g
無鋁泡打粉⋯⋯⋯⋯1 小匙
＊加了口感較酥鬆，沒加口感偏軟 Q。

作法

1. 紫薯去皮切小塊，放入電鍋內鍋，外鍋加 1 ～ 2 杯水蒸熟，趁熱壓成泥。
2. 放進剩餘所有材料，揉捏成不黏手的麵團。
3. 將麵團分割成 6 等分，搓成圓球狀。
4. 預熱鬆餅機，待指示燈亮起後放入紫薯球，蓋緊上蓋，熱烘 2 ～ 5 分鐘即可。

   Tips：視鬆餅機加熱速度而定，可以順利開蓋，且不沾黏、表面均勻上色表示已完成。也可使用平底鍋，倒入少許沙拉油，煎到兩面上色。

銅鑼燒

材料

鬆餅粉……………… 100g
＊參考 P193 作法，需另加 80cc 牛奶。
雞蛋……………………1 顆
牛奶…………………… 50cc
蜂蜜…………………1 大匙
融化無鹽奶油…… 1 大匙
紅豆沙………………… 適量

作法

1. 將所有材料（除紅豆沙外）混合均勻。
2. 以平底鍋煎出約直徑 10cm 大小的餅皮。
   Tips：煎的過程中，加不加油都可以，但不加油所煎出來的色澤較均勻又好看！
3. 取兩片餅皮，中間抹上紅豆沙，夾起即可。

▶減糖減油豆沙餡這樣做

【材料】紅豆 200g、清水 550g、酪梨油 35g、黃砂糖 80g。

【作法】

1. 紅豆洗淨後，與清水一起放入電子鍋或電鍋蒸煮至熟軟、手指輕捏可磨碎的程度。
2. 使用攪拌棒，將作法 1 的紅豆攪打成泥。
3. 將紅豆泥倒入炒鍋中，混入糖與酪梨油，以中小火拌炒至水分略為收乾。

Tips 以刮刀劃開鍋底、兩邊豆沙不會迅速融為一體的程度，此時看起來可能稍微偏稀，待豆沙涼透後會變得乾稠些。若最後成品太稀，可加熱續炒，太乾則可適度添加水分。

葡萄軟糖

材料

葡萄……… 150～180g
吉利丁粉………… 3 大匙
蜂蜜………………… 3 大匙

作法

1. 葡萄去皮去籽打成汁，取 100cc 使用。
2. 將葡萄汁倒入小鍋中，輕輕撒上吉利丁粉，靜置 5 分鐘至膨脹。
3. 開小火略煮至吉利丁完全溶解，加蜂蜜攪拌均勻。
4. 取一個製冰盒或軟糖模，趁熱倒入作法 3 的糖漿，放進冰箱冷藏 2～3 小時至冷卻凝固即可脫模。

   Tips：家中沒有製冰盒或糖果矽膠模型也沒關係，將所有糖漿倒入方形容器中，冰到凝固後脫模，用刀子切成方塊狀。

無糖優格

材料

全脂牛奶與優格菌種… 適量
＊依照菌種包裝上的說明，準備等比例的材料。

玻璃或陶瓷耐熱容器… 數個

作法

1. 將玻璃或陶瓷耐熱容器以滾水燙過消毒後擦乾。
2. 使用微波爐將牛奶加熱到 85°C以上或煮沸，若使用瓦斯爐加熱，過程中需不時攪拌，避免燒焦糊底。
3. 將熱牛奶隔冰水降溫至 42 ～ 44°C（手摸比體溫稍高的程度）。
4. 取出一小部分降溫的牛奶，與乳酸菌徹底攪拌溶解均勻，再倒回牛奶中攪勻，裝入耐熱容器中。
5. 在電鍋底部舖上乾毛巾，放入蒸架墊高，插上電源但不按加熱開關，僅按下「保溫」鍵。
6. 將牛奶優格液容器（不加蓋）放在蒸架上，蓋上鍋蓋（留一條小縫），置放 8 ～ 10 小時，完成後加蓋放入冰箱保存。

Tips：置放的時間每個品種乳酸菌所需不一，須參考包裝說明。

羅比媽的美味筆記

- 製作優格時，若有可控溫的優格機，成功率會比較高。不過失敗也不要輕易丟棄，只要沒發出腐敗酸臭味，都可以做為優酪乳飲用。
- 優格菌對於溫度相當敏感，溫度過高則容易失敗。務必在電鍋底部「鋪毛巾、放蒸架、鍋蓋留空隙」，避免溫度過高。
- 若希望有源源不絕的優格可以享用，可以留下小部分的優格作為菌種，搭配 3 ～ 5 倍的牛奶，以相同的步驟製作，未來就不用重複購買優格菌，而市售含糖或無糖優格也可以拿來當菌種哦！

天然香草精

材料

馬達加斯加香草莢…………………8～10 根
深色蘭姆酒………300cc
玻璃瓶（可密封）….1 個

作法

1. 玻璃瓶放入滾水中，燙約 30 秒後取出，倒扣瀝乾水分、晾乾或擦乾。
2. 香草莢橫向對半切，裝入玻璃瓶中，再倒入蘭姆酒。
3. 將瓶蓋旋緊，稍微搖晃均勻，放置乾燥陰涼處，等待 2～3 個月即可使用。

羅比媽小叮嚀

香草精除了增添風味之外，最主要的作用是可掩蓋蛋腥味，尤其是大量使用雞蛋的布丁或蛋糕，不使用也不會影響成敗，只是吃起來會感覺「欠一味」。

除了蘭姆酒之外，其他高濃度的烈酒（白蘭地、伏特加、威士忌）也都可以用來當作溶劑。

許多媽媽會擔心孩子接觸到烈酒有沒有關係？事實上在製作點心時，一個 8 吋的蛋糕或是 12 個杯子蛋糕頂多用 5cc，要減量到 1～2 滴也未嘗不可。最後需經過高溫烘焙或蒸製的過程，少量酒精在此過程中會揮發只剩香草的香氣，不需過於擔憂哦！

若對香草精仍抱持保守態度，也可以使用香草莢刮下新鮮香草籽來取代，雖然稍微麻煩，但卻是更好的選擇。

鬆餅粉

材料

中筋麵粉 ⋯⋯⋯⋯ 600g
小蘇打粉 ⋯⋯⋯⋯ 1 小匙
無鋁泡打粉 ⋯⋯⋯ 2 大匙
鹽 ⋯⋯⋯⋯⋯⋯⋯ 1 小匙
白砂糖 ⋯⋯⋯⋯⋯ 3 大匙
乾燥香草籽 ⋯⋯⋯ 2 小匙
（可不加）

作法

1. 將所有材料倒入密封罐中，蓋上蓋子用力搖晃均勻，室溫可保存 2 ～ 3 個月。

▶ 美味鬆餅這樣做

【材料】鬆餅粉 150g、雞蛋 1 顆、牛奶 250cc、奶油適量。

【作法】

1. 將所有材料倒入攪拌盆混合均勻。
2. 將奶油放入平底鍋，開小火加熱至融化，使用廚房紙巾將多餘的奶油拭去。
3. 舀 1 匙麵糊放上平底鍋，待表面開始起泡、邊緣開始成形後，即可翻面續煎到金黃。

多 C 綜合莓果果醬

材料

草莓、藍莓、野莓、桑椹 …………………… 共 500g
檸檬或萊姆 · 半顆～ 1 顆
細砂糖 ……………… 200g
鹽 …………………… 1 小撮
密封玻璃罐 ………… 數個

作法

1. 將玻璃罐和蓋子各放入滾水中，煮 3 ～ 5 分鐘消毒，取出後放入烤箱中低溫烘乾。
2. 檸檬去籽後擠汁，草莓切成小塊狀。
3. 將所有莓果、桑椹、檸檬汁、砂糖、鹽倒入小鍋中，小火熬煮至莓果慢慢出水、出膠。
4. 一邊煮，一邊不斷攪拌至水分慢慢收乾呈黏稠狀，趁熱裝罐，加蓋倒扣後放涼，讓瓶內呈現真空狀態。

   Tips：涼透後才能將罐子翻正保存。未開封可以室溫保存 2 個月或是冷藏保存 6 個月，開封後只能冷藏保存且儘速食用完畢。

▶ 好吃果醬照這方法準沒錯！

1. 若家中沒有烤箱，可以倒扣在網架上瀝乾水分，務必確保瓶內與瓶蓋需要完全乾燥。
2. 若瓶蓋內有橡膠圈不適合放在烤箱烘乾，容易變形，可以使用奶瓶烘乾消毒鍋，一次消毒與烘乾更省事！
3. 偏愛細緻、沒有果肉顆粒的口感，可用果汁機將水果打成泥再開始煮。
4. 要如何判斷果醬煮好了沒？取一個小盤子放進冰箱冷凍 1 小時，取出後滴 1 小湯匙果醬在盤上，用指頭劃開果醬並不會立刻合為一體，即代表煮好了。

Part 11

萬用高湯醬料

各式高湯、醬料等，都可為原本平淡無奇的食材，創造多變誘人的美味料理。精選優質食材，以正確簡便的調理方式，做出各式各樣的高湯和醬料等，不僅適時為料理加分，也能減輕媽媽的烹飪壓力，還能讓孩子多方嘗試不同的菜餚、點心，又可兼顧營養攝取，一舉數得！就以萬用高湯、萬用醬料，讓自己輕鬆當個萬能媽媽！

高湯

直接吃食材是攝取營養的最佳來源。將食材熬煮成高湯，除了可精煉出食材的精華外，高湯更被比喻為天然味精，有時根本不需調味便能讓副食品變得美味誘人！

過去有許多論及每天喝骨頭湯而造成鉛中毒的新聞，經諮詢過黃醫師後再仔細研讀 2013 年提出這個觀點的論文後發現，採樣過程中有很多變數並沒有被考慮，即使有參考價值，但資訊不完整、全盤否定大骨湯的優點也失之偏頗。

所謂在豬骨中驗出殘留的鉛，往往來自被重金屬汙染的飼料，豬長期大量食用後累積在體內。

我們可以選擇產程來源透明的優質大骨，健康正常的豬體是不含鉛的。天然高品質的骨頭、骨髓與脂肪都是優質的礦物質與油脂來源（並非補鈣而已），同時搭配均衡飲食，才能將人體攝入的少量重金屬排出。

對於食物，每個人都應該多方、平均攝取各種營養，即使是再好的食材，若是過量、長期食用都可能對身體造成傷害。

POINT!

1. 希望避免重金屬殘留，可以減少熬煮時間，並在過程中加幾滴白醋，幫助鈣質在短時間加快溶出。
2. 熬煮高湯時，需不時開蓋撈去浮沫哦！

綜合蔬菜高湯

材料

玉米……………………2 根
洋蔥……………………1 顆
蘋果或水梨…………1 顆
紅蘿蔔…………………1 根
高麗菜……………1/2 顆
清水……2000～2500cc
（蓋過食材即可）

作法

1. 所有食材洗淨、削皮、切段或切塊，加入清水後放入電鍋內鍋。
2. 外鍋加 3～4 杯水，按下開關直到跳起。
3. 取出未煮爛的食材過濾後，分裝放入冷凍庫備用。
   Tips：取出的食材還可以製作成副食品或大人食用，不過精華已留在湯中哦！

▶美味當季好湯

可依照當季食材自由變化，如馬鈴薯、竹筍、山藥、蓮藕、黑木耳、瓜類、菇類和白花椰菜等都很適合長時間熬煮。

不過，深綠色葉菜類容易因熬煮至軟爛而喪失營養價值；青椒、甜椒因風味過重，容易蓋過副食品食材味道，建議避免使用。

牛骨番茄高湯

材料

牛骨……………………1 公斤
清水…………………3000cc
牛番茄……………………2 顆
青蔥………………………3 根

作法

1. 冷水汆燙：取一深鍋放入牛骨，加冷水蓋過骨頭至少 5 公分，開大火煮滾後續煮 5 分鐘，取出牛骨並將表面渣滓與鍋子沖洗淨備用。
2. 青蔥洗淨，去除根部。牛番茄對半切，將牛骨放回原鍋中，加入 3000cc 清水，大火煮滾後加蓋轉小火（滴 2 滴醋），熬煮 30 分鐘。開蓋後加入青蔥與牛番茄繼續熬煮 30 分鐘至軟爛。
3. 煮好後取出牛骨，過濾高湯，分裝放入冷凍庫備用。

▶酸甜番茄味好營養高

番茄富含茄紅素與維生素，茄紅素是一種抗氧化劑，具有減緩老化、提高免疫力功效；而所含的胡蘿蔔素與維生素 C 又可以促進骨骼生長、減緩血管老化與增強免疫力。 番茄性微寒、味甘酸，不論是中西式的料理都很容易搭配，夏天可以多吃一些。酸甜滋味，入菜也頗受兒童喜愛。

豬骨昆布高湯

材料

豬骨……………… 1 公斤
清水………………3000cc
昆布……………………1 片
蘋果……………………1 顆

作法

1. 冷水汆燙：取一深鍋放入豬骨，加冷水蓋過骨頭至少 5 公分，開大火煮滾後續煮 5 分鐘，取出豬骨並將表面渣滓與鍋子沖洗乾淨備用。
2. 整片昆布清洗乾淨，蘋果削皮對半切，與豬骨一起放回原鍋中，加入清水 3000cc，大火煮滾後加蓋轉小火（滴 2 滴醋），熬煮 30 ～ 45 分鐘。
   Tips：大骨湯熬煮時間不建議超過 1 小時，不需講究傳統製法熬出泛白黏稠的湯頭，只要時間足夠並添加幾滴「白醋」，就能將營養元素釋放出來。
3. 煮好後取出豬骨，過濾高湯，分裝放入冷凍庫備用。

魚骨香菜高湯

材料

虱目魚骨………5 ～ 6 尾
清水………………1500cc
薑片……………………2 片
米酒……………… 1 小匙
＊米酒主要是去腥，大火燒開後酒精已蒸發，所以不會影響寶寶健康，亦可省略。
香菜……………… 1 小把

作法

1. 將虱目魚骨剪開，挑出血管、黑膜與骨頭夾縫中的排泄物，並用清水洗淨（若添加虱目魚頭須將腮翻開洗淨）。
2. 燒一鍋滾水，將骨頭放入汆燙3～5分鐘，取出魚骨並將表面浮沫與鍋子沖洗乾淨。
3. 將 1500cc 的清水煮滾，加入魚骨、米酒與薑片，大火煮滾後加蓋轉小火，熬煮 20 ～ 30 分鐘。
4. 加入洗淨的香菜，續煮 10 分鐘熄火。
5. 煮好後取出魚骨與香菜，建議使用紗布過濾高湯中細小的魚刺與雜質，分裝放入冷凍庫備用。

雞骨洋蔥高湯

材料

雞骨……1 公斤
清水……3000cc
洋蔥……2 顆
大蒜……5 瓣
雞油……2 大匙

作法

1. 冷水汆燙：取一深鍋放入雞骨，加冷水蓋過骨頭至少 5 公分，開大火煮滾後取出雞骨，並將表面渣滓與鍋子洗淨備用。
2. 洋蔥去皮切塊，大蒜去皮拍扁。
3. 鍋中倒入雞油，小火炒香洋蔥和大蒜。
4. 將雞骨倒回原鍋中，加入 3000cc 清水，大火煮滾後加蓋轉小火，熬煮 1 小時。
5. 煮好後取出雞骨，過濾高湯，分裝放入冷凍庫備用。

▶洋蔥是春天盛產的好食材

洋蔥性溫，帶有刺激的辛味，具有強化免疫力、預防感冒、降血脂與膽固醇之效，甚至是抗癌的優質食材。此外，含有豐富的膳食纖維，可促進腸胃蠕動、幫助消化，對孩子來說也是鈣質非常好吸收的食物來源。

市面上分成黃皮、紅皮與白皮洋蔥，白皮洋蔥比較不辛辣嗆口，寶寶接受度比較高哦！

冷水汆燙小知識

冷水汆燙也就是許多烹飪節目、食譜書上面經常提及的「跑活水」步驟。

其實汆燙的過程好處多多，除了表面殺菌之外，還可減少有害物質殘留。蔬菜類可以溶出多餘的農藥；肉類也可降低殘留的抗生素、賀爾蒙與多餘脂肪；海鮮類可以去除多餘的環境汙染物（有機汞、重金屬等），甚至要減少加工食品當中的防腐劑、漂白劑、殺菌劑、保色劑等，汆燙都有所助益。

汆燙好的食材若沒有需要馬上料理，分裝後也可以延長保鮮期。

蔬菜和海鮮因為不適合長時間熬煮，通常建議以滾水汆燙 1 ～ 3 分鐘為佳，不僅可達到前述效果，又不會喪失營養與美味口感。

但家禽或家畜的肉類，若是直接放入滾水鍋中，因為食材表面迅速受熱，反而因為蛋白質凝固收縮，將食材內部的血汙與有害物質都被包在肉裡面，無法被擴散到水中。

所以通常建議肉類（尤其是帶骨頭的部位血水較多、或是進口冷凍肉品腥味較重）應將食材與冷水同時入鍋、開火加熱至水滾，撈去表面雜質與浮沫後，撈起食材在流動的清水下搓洗乾淨即完成。

醬料

美乃滋沙拉醬（無生蛋配方）

材料

全脂牛奶或無糖豆漿 ……120cc
酪梨油 ……240cc
檸檬汁 ……1.5 大匙
鹽 ……1 小撮
第戎芥末醬 ……1 小匙
＊一般乾燥黃芥末籽、黃芥末醬也行。

Tips：若喜歡吃甜一點的，1 歲以上的寶寶可自行添加少量蜂蜜或砂糖哦！

作法

1. 取一個較深的量杯或容器，將牛奶、檸檬汁、鹽與芥末醬依序倒入，最後倒入酪梨油。
2. 將攪拌棒插到底部開始運轉，待底部的牛奶與油脂混合成略凝固狀，再上下緩緩移動，均勻混合成乳霜狀。
3. 放入密封保鮮盒中保存，在冰箱可存放 2 ～ 4 週。

羅比媽的美味筆記

市售美乃滋因高糖高油，總是令人望之卻步。而自製的美乃滋多半需要添加生蛋，不太適合孩子食用。羅比媽自製的美乃滋不需要生蛋，使用牛奶或豆漿既天然又搭配精選的油，風味一極棒，拿來塗麵包、做三明治或漢堡、飯糰保證受歡迎！

羅勒青醬

作法

1. 將松子放入烤箱，以 180°C烘烤 5 分鐘；羅勒葉洗淨後以廚房紙巾吸乾水分。
2. 將所有材料倒入果汁機打成泥狀。
3. 裝入密封保鮮盒後，再淋上一層橄欖油，隔離青醬直接接觸空氣而氧化變黑，加蓋冷藏或冷凍保存。

材料

新鮮羅勒（去梗留葉）……約 65g
松子……40g
蒜仁……8 瓣
現磨帕瑪森起司粉……2 大匙
初榨橄欖油……130cc
鹽……1/2 小匙

番茄紅醬

材料

熟的鮮紅大番茄……5 顆
（每顆約 120 ～ 150g）
橄欖油……2 大匙
洋蔥……1/2 顆
蒜仁……5 瓣
紅蘿蔔……70g
新鮮羅勒葉……10g
義式乾燥香料……2 小匙
番茄糊……2 大匙
月桂葉……1 片

作法

1. 煮一鍋滾水，用小刀在番茄底部劃淺淺的十字，下滾水鍋汆燙 1 分鐘後撈起沖冰水，輕鬆撕去番茄皮。
2. 取 4 顆番茄放進果汁機打成汁，剩下的 1 顆番茄用菜刀切或用調理機打成丁狀。
3. 將洋蔥、蒜仁、紅蘿蔔和羅勒切末。
4. 鍋中倒入橄欖油，小火炒香蒜末後加入洋蔥、紅蘿蔔、番茄丁，拌炒 10 分鐘至熟軟。
5. 倒入作法 2 的番茄汁以及剩餘所有材料，熬煮 30 ～ 40 分鐘至水分收乾，放涼後冷藏或冷凍保存。
   Tips：喜歡口感較細緻的，可以使用果汁機或攪拌棒打成泥。

奶油白醬

材料

無鹽奶油……30g
中筋麵粉……2 大匙
洋蔥末……2 大匙
牛奶……250cc
鹽……1/2 小匙

1. 將無鹽奶油放入小鍋中，開小火加熱至融化，加入洋蔥炒香，最後撒上中筋麵粉拌炒成糊狀。
2. 倒入牛奶與鹽，小火熬煮至沸騰，持續攪拌至慢慢變濃稠即可。

海苔醬

材料

乾燥昆布……100g
蝦皮……1 小匙
乾香菇……2 朵
柴魚片……30g
柴魚醬油……100cc
味醂……2 大匙
冰糖……1 大匙
清水……650cc

1. 香菇洗淨去蒂頭切小塊，昆布洗淨剝小塊。
2. 將昆布、蝦皮、柴魚片和香菇切塊，與 500cc 清水同煮至昆布熟軟，約 15 分鐘。
3. 倒入醬油、味醂、冰糖，繼續熬煮至水分略略收乾，倒入剩下 150cc 清水煮滾後熄火，加蓋燜 15 分鐘。
4. 待涼後倒入果汁機攪打成糊狀，過篩後裝入密封罐冷藏保存。

調味品

鮭魚鬆

材料

鮭魚……1 片（約 200 g）
柴魚醬油…………1 小匙
糖…………………1 小匙
白芝麻……………2 小匙
沙拉油……………少許

作法

1. 鮭魚蒸熟後去皮去刺，以調理機打成碎。
   Tips：可以鋪上 2 片薑一起蒸，去腥味，蒸熟後丟棄。
2. 以少許油熱鍋，放入鮭魚，以小火拌炒 10 分鐘。
3. 倒入醬油與糖，繼續翻炒 10 ～ 15 分鐘至酥鬆，最後撒上白芝麻。

柴魚調味粉

材料

乾燥昆布……………50g
乾香菇………………3 朵
柴魚片………………100g
小魚乾…………3 ～ 5 尾
冰糖…………………1 大匙

作法

1. 昆布、香菇沖洗後以廚房紙巾吸乾水分，再放入烤箱低溫烘烤至乾透。
   Tips：烘烤溫度盡量低於 90℃，若家中烤箱最低溫仍高於 100℃或只有小烤箱都很容易在烘乾過程中燒焦。建議花點時間在陽光下曝曬或通風處陰乾即可。
2. 所有材料放進果汁機中打成粉。過篩後倒入密封罐中冷藏保存。

海苔素香鬆（無肉配方）

材料

豆渣……350g
海苔……10g
白芝麻……2 大匙
酪梨油……100g
日式柴魚或鰹魚醬油……4 大匙
味醂……2 大匙
細砂糖……2 大匙

作法

1. 海苔使用剪刀剪成絲備用。
2. 烤箱預熱至 175°C。將豆渣平鋪在烤盤上，進烤箱烘烤 15 ~ 20 分鐘至半乾取出。
3. 鍋中倒入酪梨油，待油溫稍熱後加入豆渣翻炒均勻。
4. 撒上醬油、味醂、砂糖，繼續翻炒至所有豆渣都成鬆散狀。
5. 最後加入海苔與白芝麻，續炒 5 分鐘即可起鍋放涼。

Healthy food,
Happy dining.

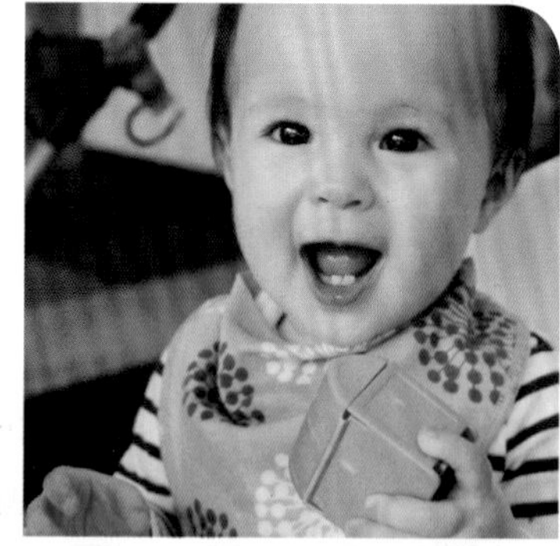